L'ingénierie procréatique
et l'émergence d'une génération bâtarde
des droits de l'homme

André Liboire TSALA MBANI

L'ingénierie procréatique et l'émergence d'une génération bâtarde des droits de l'homme

L'Harmattan

5-7, rue de l'Ecole-Polytechnique, 75005 Paris

http://www.librairieharmattan.com
diffusion.harmattan@wanadoo.fr
harmattan1@wanadoo.fr

ISBN : 978-2-343-00049-7
EAN : 9782343000497

À ma fille Tsala Ngono Grâce D. Virginie,

INTRODUCTION

Les prémices ou les tout premiers balbutiements des droits de l'homme sont indubitablement à rechercher dans la pensée grecque antique. Ces droits de l'homme originaires avaient une posture de légitimation du pouvoir politique au travers de la lumière naturelle ou la raison. Ainsi, la légitimité d'une autorité politique était conditionnée par son arrimage au *telos*, c'est-à-dire à la finalité des droits de l'homme. Tout le projet philosophique de Socrate est à inscrire dans cette logique, à savoir exhorter les Athéniens à soumettre leurs opinions morales et politiques au tribunal de la raison. Une opinion (*doxa*) ne pourra être érigée en savoir (*epistemè*) scientifique et authentique que lorsqu'elle aura résisté à l'épreuve critique de la dialectique. L'attitude socratique semble donc inaugurer une nouvelle ère, celle du combat contre l'« argument d'autorité », c'est-à-dire un pouvoir politique dont le seul objectif est de se maintenir en place sans assujettir ses ambitions aux canons de la raison. Or, pour Socrate, un pouvoir politique légitime devrait justifier rationnellement ses prétentions, lesquelles doivent aller dans le sens du bonheur ou de l'accomplissement de l'humain[1]. L'une des modalités de cet accomplissement est la liberté. Les Grecs définissent celle-ci comme l'absence de toute domination d'un individu par un autre communément appelé despote, d'une part, mais aussi comme la participation à la délibération et à l'action politique, d'autre part. Aucune allusion n'est faite, dans le cadre de ce droit de l'homme, comme ce sera le cas à l'époque moderne, à un bonheur privé qu'engendrerait la liberté et que l'on opposerait à une sphère publique tenue délibérément à bonne distance à l'effet de s'en

---

[1] Platon, *Apologie de Socrate*, trad. Victor Cousin (1822), revue et modernisée par Sylvaine Guyot (2004), Paris, Librio, 2004.

protéger. « Alors que la liberté moderne consiste à vaquer librement aux occupations privées qui constituent l'enjeu du bonheur, à « occuper » l'espace de liberté personnelle qui en forme le lieu, les Grecs ne conçoivent de « bonne vie » (objet de la philosophie morale) que dans la participation aux affaires de la Cité. Le bonheur est « public », l'État constitue le lieu d'autoréalisation de l'individu[2] ».

On le voit, la liberté chez les Anciens est exclusive de l'extrême interventionnisme qui prévalait dans la démocratie grecque. Elle promeut la participation des citoyens à la gestion de la chose publique. Cette démocratie participative induite par le droit à la liberté constitue un formidable levier du bonheur, synonyme d'épanouissement individuel. Toutefois, la liberté vue sous le prisme des ancêtres grecs de la philosophie, n'est pas une donnée universelle, elle est élitiste, puisqu'elle est un droit ou une prérogative dévolue à une minorité d'individus et s'exerce dans leurs activités collectives, c'est-à-dire les activités qui engagent le destin de la Cité. Mais, il faut le souligner, en dépit de l'élitisme du droit à la liberté chez les Anciens, celui-ci a un fondement rationnel au même titre que les trois générations classiques des droits de l'homme constitutives de la Modernité.

L'émergence des droits de l'homme sous leur forme actuelle coïncide avec le XVIIIe siècle, l'époque des Lumières, qui s'était illustrée par son acharnement contre l'absolutisme ou le pouvoir arbitraire, lequel installait des individus appelés sujets dans une insécurité permanente. D'où la revendication majeure de la sécurité juridique portée par les dix-huitièmistes, à l'effet d'assurer « les protections minimales permettant à l'individu de vivre une vie digne de ce nom, à l'abri des empiétements de l'arbitraire étatique (ou

---

[2] Guy Haarscher, *Philosophie des droits de l'homme*, Bruxelles, Editions de l'Université de Bruxelles, 1989, p. 49.

autre)[3] ». Ainsi, les droits de l'homme établissent une sorte d'« espace « sacré », infrangible, ils constituent autour de l'individu une sphère privée et inviolable ; bref ils définissent une limitation [...] des pouvoirs de l'État, à laquelle correspondent ce que l'on appelle les « libertés fondamentales » de l'individu[4] ». Cette définition correspond à la première génération des droits de l'homme.

Les libertés fondamentales auxquelles sont assimilés les droits de l'homme de la première génération voient le jour dans un contexte marqué par l'apparition et la montée des bourgeoisies européennes, la lutte de celles-ci contre les structures, des institutions, des mentalités d'« Ancien Régime » qui rendaient leur développement hypothétique. Voilà pourquoi les grandes Déclarations de droits de la fin du XVIIIe siècle portent l'estampille de cet environnement idéologique. Les droits de l'homme de la première génération constituent en effet une structure axiologique foncièrement individualiste dont le rôle est de garantir, comme nous l'avons dit tantôt, une marge de sécurité juridique des citoyens vis-à-vis du pouvoir politique ou autre. On parle alors de liberté d'aller et de venir, du respect de la personnalité (respect du domicile, secret de la correspondance), de la liberté de conscience et d'expression[5], etc. Ces libertés sont qualifiées de fondamentales parce qu'aucune perspective d'épanouissement de l'homme ne peut être envisagée sans elles, celles-ci lui sont donc quasi consubstantielles. Dès lors, l'on comprend pourquoi les droits de l'homme de la première génération auxquels sont assorties les libertés fondamentales furent proclamés dans les toutes premières Déclarations de droits.

---

[3] *Ibid.*, p.9.
[4] *Ibid.*
[5] Cette classification sommaire s'inspire de celle de C.-A. Colliard, *Libertés Publiques*, Paris, Dalloz, 3e éd. 1968, p. 199-681.

Mais si les libertés fondamentales constitutives des droits de l'homme de la première génération revêtent la forme des revendications de non-intervention de l'État dans la sphère individuelle privée, il en va autrement pour ce qu'il est convenu d'appeler les droits de l'homme de la seconde génération. Cette catégorie de droits de l'homme en effet, « au lieu de réclamer une non-intervention de l'État, on demande son intervention ; à la place d'une abstention, c'est une prestation qu'on exige[6] ». Ces droits qualifiés d'économiques, sociaux et culturels, se déclinent en droit à la santé, à l'éducation, au travail, à la sécurité sociale, à un niveau de vie décent, etc. Il va sans dire que si l'on veut assigner à ces droits le statut fondamental au même titre que ceux de la première génération, il sera de bon ton d'exiger de l'État des prestations susceptibles de garantir la dignité humaine. Au rang de celles-ci, l'on aurait : la construction d'hôpitaux de grande envergure, la gratuité de la médecine ou tout au moins son accessibilité, la construction d'écoles en nombre suffisant et des enseignants décemment rémunérés par la communauté politique, l'implication volontariste de l'État dans les activités économiques, la garantie d'une sécurité sociale universelle. Ainsi, les droits de l'homme de la seconde génération prônent le passage d'un État « minimal », réduit à des tâches de protection des libertés individuelles, à un État-providence garant de l'épanouissement spirituel et matériel collectif.

Les droits de l'homme de la troisième génération quant à eux se caractérisent par leur signification relativement vague, à l'instar du droit à la paix, à un environnement protégé, à un développement harmonieux des cultures, etc.

Mais au-delà de la différentiation qu'on pourrait qualifier d'ontologique, qui induit une dichotomie entre ces trois générations de droits de l'homme, il convient de souligner

---

[6] Guy Haarscher, *op. cit.*, p.39.

qu'elles partagent un même dénominateur, à savoir la raison comme fondement, puisqu'elles sont portées par des valeurs qui favorisent la rencontre de l'humain avec lui-même, autrement dit des valeurs humanisantes et hominisantes. Bien plus, les trois générations classiques des droits de l'homme, lesquelles font partie du grand ensemble générique dénommé droit positif, puisqu'elles sont posées ou établies par le législateur ou l'autorité politique, sont surplombées par le droit naturel dont elles sont l'émanation, parce que celui-ci leur est antérieur.

En revanche, il en va autrement pour cette nouvelle génération de droits de l'homme née avec l'ingénierie procréatique induite par le génie génétique, qui est une technique de « déchiffrement du grand livre de la vie[7] » que constitue le génome humain. A la faveur du génie génétique découvert en dix-neuf cent soixante-douze, en effet, nous assistons aujourd'hui à une inflation des droits de l'homme qui correspond à leur banalisation. Nous qualifions cette nouvelle génération de droits de l'homme de bâtarde, parce qu'elle n'est fondée ni sur la raison, ni sur le droit naturel dont procèdent les trois générations classiques des droits de l'homme. Il s'agit d'une constellation de désirs et d'intérêts individuels essentiellement « fongibles[8] » suscités par l'ingénierie procréatique. Aussi entend-t-on parler de nos jours du droit fondamental à l'enfant, du droit fondamental à la liberté de procréation qui englobe la procréation aussi bien coïtale que non coïtale, c'est-à-dire la procréation artificielle ; du droit fondamental à la liberté de choisir le partenaire ou une source pour la donation et/ou pour l'achat d'ovules, de sperme ou d'embryons, etc.

---

[7] Yves Michaud, *Humain, inhumain, trop humain,* Paris, Flammarion, 2006, p.103.

[8] Francis Fukuyama, *La fin de l'homme*, Paris, La Table Ronde, 2002, p.193.

Voilà pourquoi la préoccupation centrale de cet essai se rapporte-t-elle à la légitimité de la génération contemporaine des droits de l'homme issue de la révolution biomédicale. Ces droits des temps modernes, qui correspondent à un « biojuridisme » nihiliste, parce que n'ayant pas un fondement rationnel, ne constituent-ils pas un déni de la morale sur laquelle repose pourtant tout ordonnancement juridique ? Peut-on légitimer des libertés prétendument « fondamentales », mais qui ne sont en réalité que des désirs et des intérêts égoïstes essentiellement contextuels et donc mouvants, voire évanescents ?

Pour essayer de démêler l'écheveau de ces questionnements, nous allons articuler notre analyse autour de trois axes principaux : le premier établira la raison comme la source même des droits de l'homme tels que conçus par les Anciens et les Modernes ; le second tentera de démonter les mécanismes opérationnels de ce que nous avons appelé « biojuridisme » nihiliste, qui traduit la posture irrationnelle et iconoclaste des droits de l'homme issus de la biomédecine, lesquels ne s'adossent ni sur la raison, fondement de toute norme juridique, ni sur le droit naturel dont le droit positif en général constitue l'émanation ; le troisième et dernier axe de notre réflexion proposera un ré-enracinement moral du droit auquel l'ordonnancement juridique contemporain devrait s'arrimer, afin que les libertés dites « fondamentales », dont il prétend être assorti, répondent effectivement à leur vocation originelle d'humanisation de l'humain, dont elles n'auraient jamais dû se soustraire du fait de l'utilitarisme et du pragmatisme dictés par de folles espérances que charrie l'ingénierie procréatique.

PREMIERE PARTIE

LES FONDEMENTS RATIONNELS DES DROITS DE L'HOMME CHEZ LES ANCIENS ET LES MODERNES

Les droits de l'homme font florès dans la société contemporaine au point de donner l'impression qu'ils sont nés avec celle-ci. Et pourtant, la théorie philosophique des droits de l'homme fut portée sur les fonts baptismaux depuis l'Antiquité grecque, notamment par Socrate. Ce dernier pensait en effet que la légitimité de tout pouvoir politique devrait être liée au critère même de la « bonne vie », en l'occurrence la conformité ou l'arrimage aux préceptes dictés par la raison. Celle-ci était de ce fait garante de la gestion de la vie socio-politique conformément au paradigme des droits de l'homme. Ainsi, une opinion politique ne pouvait être érigée en savoir scientifique et donc susceptible d'être appliquée dans la Cité athénienne, par exemple, que si et seulement si elle portait l'estampille de la raison dans sa posture d'instrument d'humanisation de l'homme. Même si, on le sait, la notion de droits de l'homme version grecque antique ne concernait pas toutes les couches sociales, notamment les esclaves, qui étaient exclus des délibérations et de l'action politique ; elle était donc élitiste. L'humanisation dont il est question dans le contexte de la Grèce antique, renvoie simplement au fait que la liberté dont les droits de l'homme de l'époque sont assortis était susceptible d'implémenter la réalisation de l'être humain générique, en dépit de ce que dans la réalité, certaines catégories sociales en étaient privées.

Cette vision humaniste des droits de l'homme sera poursuivie et consolidée au cours de la période Moderne, consolidation dans le sens de son universalisation. A partir du XVIIIe en effet, aucun être humain n'est écarté des bienfaits des droits de l'homme, notamment la cohorte de libertés qu'ils charrient, lesquels bienfaits sont consécutifs à la lutte qu'ils mènent contre l'absolutisme et l'arbitraire étatiques. C'est dire que la théorie Moderne des droits de l'homme, toutes générations confondues, s'adosse également sur la raison dans sa vocation de libération et d'émancipation de l'homme vis-à-vis des pesanteurs socio-politico-culturelles.

Aussi allons-nous, dans le cadre de la première partie de cet essai, nous atteler à établir la raison comme fondement des droits de l'homme, du moins tels qu'ils se sont manifestés dans leurs tout premiers balbutiements dans la Grèce antique, et dans leur maturation au cours de la période des Lumières.

CHAPITRE PREMIER

LA LIBERTE COMME SOCLE DES DROITS DE L'HOMME CHEZ LES ANCIENS

Le contexte socio-politique athénien, en cette fin du Ve siècle avant Jésus-Christ, est marqué la guerre du Péloponnèse au cours de laquelle Athènes essuya de cuisantes défaites face à Sparte, qui y instaura un régime oligarchique[9] sanglant. A cette crise politique, va s'ajouter une crise morale caractérisée par la corruption et le culte voué aux valeurs matérielles. Ces maux qui gangrènent la Cité athénienne sont impulsés et entretenus par la classe dirigeante intellectuellement moulée par les sophistes, précepteurs de la rhétorique et marchands du savoir dont ils disent d'ailleurs détenir le monopole. Mais le contexte socio-politique athénien est aussi marqué par l'interventionnisme étatique qui aliène la liberté des citoyens à la faveur de l'avènement de l'oligarchie tyrannique. Toutes choses qui sont antinomiques à l'accomplissement total de l'humanité de l'homme dont tout pouvoir politique doit être le garant. Voilà pourquoi, Socrate, conscient de la dérive morale et politique de la Cité athénienne, subordonne la légitimité de l'autorité politique à l'arrimage aux principes rationnels, et s'investit à les implémenter dans la conscience de la jeunesse, puisqu'ils constituent un facteur de libération des citoyens synonyme de leur accomplissement plénier.

---

[9] Ce gouvernement de « Trente tyrans » dirigé par Critias marque la fin de la démocratie. Si celle-ci est instaurée dès 403, l'antagonisme entre démocrates et oligarques ne cessera, dès lors, de marquer la vie politique athénienne.

I. Socrate : précurseur des droits de l'homme ?

Athènes à l'époque de Socrate, c'est-à-dire au Ve siècle avant Jésus-Christ, nous l'avons dit, connaît une crise politique sans précédent. La patrie de la démocratie, première Cité grecque sous Périclès grâce à la puissance de son empire et à son rayonnement culturel, avait connu au cours de la guerre du Péloponnèse de cuisantes défaites face à Sparte, qui avait fini par l'emporter sur sa rivale et y instaurer, en 404, un régime oligarchique sanglant. Athènes avait donc connu, en l'espace de quelques années, des défaites militaires retentissantes, la destruction de ses murailles, des défections de la part des alliés, une guerre civile, et le climat était à la méfiance et découragement. Ainsi, ces événements eurent des répercussions directes sur la vie culturelle et intellectuelle de la Cité. Il est bon de savoir que le Ve siècle avait vu naître les premiers penseurs du monde grec, qui s'intéressaient aussi bien au monde et aux lois de la nature, qu'à l'homme et à sa vie en société. Or, en cette fin de siècle fort trouble, le peuple d'Athènes avait fini par soupçonner ces intellectuels, habiles orateurs et penseurs audacieux d'avoir miné les valeurs qui avaient fait la grandeur d'Athènes et, en définitive, d'être la cause de sa défaite face à Sparte et de sa déchéance. C'est ainsi qu'on a rangé sous le terme de « sophistes », terme qui, en grec désigne à l'origine un homme habile et savant, tous ces gens qui, forts de leur talent oratoire et de leur rationalisme relativiste, affirmaient tout savoir et pouvoir tout enseigner, moyennant rétribution. Les sophistes s'attiraient aussi bien des hommes politiques en exercice qui aspiraient s'approprier la rhétorique, que la jeunesse dorée d'Athènes qui avaient les moyens de s'offrir leurs leçons, en dépit de leurs tarifs exorbitants, et qui voulaient apprendre l'art de persuader en vue d'une future carrière politique.

On comprend mieux, dès lors, pourquoi en 399, cinq ans après la restauration de la démocratie, un personnage obscur, un certain Mélétos, dont on nous dit qu'il était poète, déposa devant l'archonte-roi, magistrat héritier des fonctions religieuses de l'ancien roi et chargé en particulier d'instruire les actions publiques d'impiété, une plainte contre Socrate, dont les termes étaient, à en croire Platon, à peu près les suivants : « Socrate est coupable de corrompre les jeunes gens, de ne pas croire aux dieux auxquels croit la cité et de leur substituer des divinités nouvelles[10] ». A l'observation, cette plainte contre Socrate comporte trois chefs d'accusation : la posture hérétique et iconoclaste de ses enseignements qui promeuvent l'émancipation des jeunes d'abord vis-à-vis de leurs parents qui vouent un culte aux valeurs matérielles, ensuite vis-à-vis des institutions politiques, notamment la justice gangrénée par la corruption ; et enfin, vis-à-vis des institutions religieuses classiques, lesquelles donnaient l'impression d'une religion d'État à Athènes. Il s'ensuit que Socrate peut être considéré à juste titre comme un précurseur des droits de l'homme, dans la mesure où il milite pour la libération de l'homme aux plans moral, politique et religieux.

I.1. Libération morale

L'une des causes du délabrement moral des Athéniens est sans conteste la guerre du péloponnèse. « L'historien Thucydide, écrit Claude Mossé, à qui nous devons le récit des principaux événements de cette guerre, a bien insisté sur la crise morale qu'elle provoqua dans les esprits[11] ». La disqualification de la démocratie et l'instauration du totalitarisme oligarchique sanguinaire, notamment le gouvernement des « Trente tyrans » dirigés par Critias, par les Spartiates à la suite de leur victoire sur les Athéniens, a en effet créé le désarroi au sein du peuple athénien, dont les

[10] Platon, *Apologie de Socrate*, *op.cit.*, p.52.
[11] Claude Mossé, « Le procès de Socrate », in *La Grèce ancienne*, Paris, Société d'Editions Scientifiques, 1986, p.81.

repères moraux furent considérablement brouillés, voire gommés.

Mais la guerre du péloponnèse ne saurait à elle seule expliquer l'étiologie de la crise morale observée à Athènes au Ve siècle avant Jésus-Christ. Il y a aussi en bonne place l'enseignement véhiculé par les sophistes, lequel met un point d'honneur sur la quête des biens matériels, et donc des biens destinés à épanouir le soma au détriment de l'esprit. Les sophistes sont en effet les tout premiers dans l'histoire de l'humanité à marchander, voire à marchandiser le savoir. Ils sont des « professeurs de sagesse » délivrant leurs leçons contre une rémunération autrement élevée à destination aussi bien des riches hommes politiques en quête de rhétorique, c'est-à-dire l'art de convaincre sans avoir forcément raison, que leur opulente progéniture désireuse de s'approprier les rudiments de la « technique du discours permettant de justifier à la fois toute opinion et son contraire[12] ». Il en ressort que les sophistes eurent une éthique du savoir moralement peu recommandable, en ce sens qu'elle promouvait un rationalisme relatif, voire relativiste. Ainsi, ils étaient capables de soutenir une thèse et son contraire avec la même pertinence et la même vraisemblance. Toutes choses qui constituent une grave entorse aux canons de la logique classique établis par Aristote. En plus, l'éthique épistémale sophistique charrie une forme d'injustice, puisque l'enseignement dispensé par les sophistes est élitiste, parce que ne concernant que des riches. Or l'enseignement de Socrate était loin d'être censitaire et donc élitiste, il était plutôt démocratique et concernait aussi bien les jeunes issus des familles nanties que des jeunes appartenant à de familles pauvres.

Au vu de ce décryptage des mécanismes opérationnels de la sophistique, il apparaît de toute évidence qu'elle est

---

[12] *Ibid.*, p.80.

contraire à l'esprit scientifique admirablement décrit par Jean Fourastié dans son ouvrage intitulé *Les conditions de l'esprit scientifique*[13]. Dans cette monographie en effet, l'auteur fait une peinture rigoureuse des qualités morales et intellectuelles dont le scientifique doit faire preuve, à l'effet de faire progresser la science, et donc d'entretenir la dynamique qui sous-tend cette activité millénaire. Dans cette optique, l'esprit scientifique fait figure de prolongement du *Discours de la méthode* de René Descartes avec lequel il présente une parenté certaine, au regard des outils méthodologiques qu'ils établissent comme référentiels devant guider et encadrer la Grande Marche de la Science.

L'éthique du savoir développée par les sophistes est aussi antithétique à l' « épistéméthique » préconisée par Hubert Mono Ndjana. Celle-ci dispose que « toute âme cherche naturellement à se tourner vers les splendeurs de la vérité, et qui n'a pas cette sensibilité, qui se complaît dans l'incertitude [...] (du) matérialisme grossier de l'avoir ploutocratique, est un être contre-nature. La tâche première de la pédagogie devrait donc être de former le goût de l'enfant dans la perspective de l'amour du savoir [14]». Ainsi, pour l'auteur, toute démarche scientifique devrait avoir pour finalité la conquête de la vérité. Pour ce faire, elle devrait se garder d'être engluée dans des préoccupations matérialistes et pécuniaires, qui sont susceptibles de la travestir et de la dévoyer. La mission du pédagogue est donc, à son sens, d'éduquer les jeunes à l'amour de la vérité.

Malheureusement, rien de ce code de conduite heuristique n'est identifiable dans la pédagogie sophistique. Au lieu de postuler la vérité dans leurs leçons, c'est-à-dire la

---

[13] Jean Fourastié, *Les conditions de l'esprit scientifique*, Paris, Gallimard, 1966.

[14] Hubert Mono Ndjana, *Beauté et vertu du savoir*, Yaoundé, Editions du Carrefour, 1999, p.35.

correspondance du discours avec la réalité, les sophistes enseignent plutôt les techniques de l'esthétique formelle du discours, sans rapport avec le réel. Le tout baignant dans un mercantilisme épistémale qui finit par aliéner, dénaturer et asservir le savoir. C'est dire que la sophistique, parce qu'elle promeut l'« esthétique épistémale » au détriment de l'« épistéméthique », pour utiliser la terminologie savante de Mono Ndjana, est une science fallacieuse dont le but ultime est de maintenir l'homme captif de l'ignorance en plus de contribuer au dévoiement de sa moralité par le matérialisme dont elle est assortie.

Socrate, conscient de la dérive morale de l'enseignement sophistique, va s'investir, contre vents et marées, dans la tâche titanesque de réarmement moral des Athéniens au travers de la maïeutique, c'est-à-dire l'art de faire accoucher les âmes en quête de vérité. La maïeutique est fondée sur l'idée que l'âme connaît déjà le Vrai, mais ne peut s'en souvenir sans une aide extérieure. Pour ce faire, le procédé qu'emploie le plus volontiers Socrate est sa célèbre « ironie », c'est-à-dire, conformément au sens étymologique du terme, une discussion procédant par questions-réponses, questions pour l'essentiel liées au confort moral et donc à l'épanouissement de ses concitoyens. Le tout reposant sur une conviction à laquelle le « père de la philosophie » est viscéralement attaché : le culte effréné des valeurs matérielles est une option bestialisante pour l'humain, puisqu'elle charrie des injustices et consacre le corps comme socle de l'accomplissement de l'homme. Aussi s'efforce-t-il constamment de mettre en garde ses concitoyens contre les injustices et la posture dionysiaque de l'enseignement sophistique : « ma seule affaire, lui fait dire Platon, c'est en effet d'aller par la rue pour vous persuader, jeunes et vieux, de ne vous préoccuper ni de votre corps, ni de votre fortune aussi passionnément que votre âme pour la rendre aussi bonne que possible : oui, ma tâche est de vous dire que la fortune ne fait pas la vertu, mais que de la vertu provient la fortune, et tout ce qui est avantageux, soit aux particuliers, soit à la cité[15] ».

En clair, pour Socrate, la seule fortune qui vaille la peine d'être recherchée avec passion par l'homme, c'est le perfectionnement moral ou spirituel, qui se traduit par la vertu. L'accomplissement de l'humain ne passe donc pas par l'accumulation sans cesse des biens matériels, laquelle est d'ailleurs incompatible avec la vertu ; il est plutôt tributaire du perfectionnement moral ou spirituel, qui a le mérite de favoriser la rencontre de l'homme avec son humanité. Socrate fait ainsi figure de géniteur d'un droit fondamental qui sera partagé par l'ensemble des penseurs de la Grèce antique : le droit à la liberté morale ou spirituelle, lequel se pose en s'opposant à ce tombeau que constitue le corps, qui empêche l'homme de coïncider avec son essence spirituelle.

Mais Socrate n'est pas seulement un militant de la libération morale de l'homme, il s'illustre aussi comme un apôtre de la libération politique.

I.2. Libération politique

La mise en place du gouvernement des « Trente tyrans » piloté par Critias, à l'issue de la guerre du péloponnèse, qui, nous l'avons dit, a vu la victoire des Spartiates sur les Athéniens, consacre la fin de la démocratie à Athènes. Dès lors, l'action politique qui était une œuvre commune de tous les Athéniens, gage de leur liberté, devient l'apanage exclusif des gouvernants totalitaristes qui sèment la mort à tout vent à la moindre résistance. « La démocratie était renversée, affirme Claude Mossé, la cité livrée à un collège de trente magistrats qui allaient pendant quelques mois faire régner la terreur à Athènes, arrêtant, torturant, massacrant devant un

---

[15] Platon, *Apologie de Socrate, op.cit.*

démos impuissant tous les chefs démocrates qui n'avaient pu s'enfuir[16] ». Cette situation d'arbitraire absolu va fortement interpeller Socrate, qui prendra sur lui de soutenir et de véhiculer la thèse suivant laquelle la légitimité d'un pouvoir est proportionnelle à sa capacité à pouvoir arrimer ses actions aux principes rationnels, parmi lesquels la liberté, qui se manifeste par la participation des citoyens aux affaires de la cité, en cohérence avec la définition étymologique de la démocratie. Pour manifester ouvertement son hostilité envers la politique arbitraire des Trente tyrans, Socrate refusa par exemple d'obtempérer à l'ordre que ceux-ci lui avaient intimé d'aller en compagnie de quatre autres citoyens arrêter manu militari un certain Léon de Salamine, qu'ils avaient condamné à mort[17]. Socrate a une idée claire sur le « fondement d'une bonne politique[18] » : la raison. « Car, marte-t-il, la raison ne dit-elle pas qu'il faut commencer par l'éducation des jeunes gens, et travailler à les rendre aussi vertueux qu'ils peuvent l'être, comme il convient à un bon jardinier de prendre d'abord soin des jeunes plantes, avant de s'occuper des autres ?[19] »

Toutefois, il serait naïf de penser que seuls les Trente tyrans furent les ennemis de la démocratie à Athènes. Les sophistes aussi contribuèrent lourdement à sa déliquescence. Ces derniers enseignaient en effet aux futurs hommes politiques l'art de bien tromper un auditoire et de séduire les foules par des raisonnements fallacieux, c'est-à-dire des raisonnements qui mettaient un point d'honneur sur l'agencement, la beauté, la chatoyance et à la flamboyance

---

[16] Claude Mossé, *Le procès de Socrate, op.cit.*,p.82.

[17] Si le gouvernement des Trente tyrans n'avait pas été renversé un peu plus tard, Socrate eût sans doute payé cher son refus de s'associer à ce qu'il tenait pour un acte arbitraire.

[18] Platon, *Euthyphron*, trad. Victor Cousin (1822) revue et modernisée par Sylvaine Guyot, Paris, EJ.L., 2004, p.14.

[19] *Ibid.*

des mots qu'à leur correspondance avec l'empiricité. Autrement dit, les sophistes enseignaient aux jeunes Athéniens épris de politique l'art de la démagogie. Ce qui est contraire à l'étymologie même de la politique telle que conçue par les Anciens, qui se voulait l'art de gouverner les hommes et leurs biens, la perspective téléologique étant leur « bonne vie », c'est-à-dire leur épanouissement.

On comprend mieux, dès lors, la méfiance qu'inspiraient les sophistes auprès de Socrate et de bien d'autres Athéniens ayant le discernement. On comprend mieux aussi pourquoi Socrate s'ingénia tout le long de sa vie à promouvoir auprès des jeunes Athéniens un enseignement qui remettait en cause les contre valeurs dont la sophistique était porteuse, notamment la démagogie, l'injustice, l'arrogance et le défaut d'humilité. « Beaucoup de jeunes gens, ceux qui ont du loisir et qui appartiennent à de riches familles, s'attachent à moi et prennent un grand plaisir à voir de quelle manière j'éprouve les hommes ; eux-mêmes ensuite tâchent souvent de m'imiter, et se mettent à éprouver ceux qu'ils rencontrent ; et je ne doute pas qu'ils ne trouvent une abondante moisson de gens qui croient tout savoir, quoiqu'ils ne sachent rien, ou très peu de choses[20] ». Ces gens qui croient tout savoir, et dont parle Socrate, c'est bien sûr les sophistes, qui promeuvent l'immoralité tant dans la politique que dans le champ du savoir. Et c'est dans ce contexte que l'« épistéméthique » que prône Hubert Mono Ndjana revêt toute sa pertinence et tout son intérêt, parce qu'elle présente des accointances avec la morale politique et la morale épistémale ; bref, la morale tout court, qui constituent le credo de la philosophie socratique. L'« épistéméthique » a pour vocation en effet d'impulser « une grande dynamique qui permet à une société de se détourner de l'esprit du ventre, qui consacre l'éventration de l'esprit, pour restaurer peu à

---

[20] Platon, *Apologie de Socrate, op.cit.*, p.51.

peu, au moyen de l'intelligence politique, administrative sociologique, législative et réglementaire, les droits de l'esprit, les droits du savoir comme norme fondamentale[21] ». C'est ce respect de l'orthodoxie tant en matière du savoir qu'en matière politique que Socrate recommande aux sophistes, afin que les Athéniens puissent connaître la liberté, synonyme de participation aux affaires qui engagent le destin de la cité.

Mais Socrate fait également preuve d'un engagement certain quant à la libération de l'homme vis-à-vis du carcan religieux qui l'enferme dans la soumission servile aux dieux traditionnels et conventionnels de la cité athénienne, ce qui lui donne l'envergure d'un précurseur de la laïcité.

I.3. Libération religieuse : Socrate, ancêtre de la laïcité ?

L'histoire des idées retient surtout Spinoza comme l'ancêtre même de la laïcité et donc de la tolérance religieuse, thèse qu'il défend notamment dans son *Traité théologico-politique*[22]. Cette considération trahit un déficit de perspicacité dans l'identification du géniteur réelle de cette vision politico-religieuse. Tout d'abord, qu'est-ce que la laïcité ? La laïcité est une approche politique et religieuse qui préconise la coexistence pacifique d'obédiences religieuses plurielles au sein d'un État ou d'une société. Cette vision des rapports entre l'État et la religion est sous-tendue par une valeur cardinale : la tolérance religieuse. Celle-ci suppose l'absence d'une religion d'État et donc la séparation entre l'État et la religion ou l'Eglise. L'État devient alors l'institution en charge de la régulation et de l'encadrement de

---

[21] Hubert Mono Ndjana, *op.cit.*, p57.
[22] Spinoza, *Traité théologico-politique*, trad. Charles Appuhn, Paris, Garnier-Frères Flammarion, 1965.

la coexistence pacifique entre les différentes chapelles religieuses.

Le concept de laïcité ainsi campé, il nous est à présent loisible d'essayer d'établir Socrate comme le géniteur antique de cette vision. Socrate est en effet hostile à la prééminence du politique sur le religieux, ou encore le contrôle et la gestion du religieux par le politique, comme ce fut le cas à Athènes. Mais comment se manifeste le primat du politique sur le religieux dans la cité athénienne ? La religion grecque en effet n'était pas une religion fondée sur un dogme auquel il fallait souscrire sous peine d'être étiqueté comme mécréant. Toutefois, la religion était une affaire civique : il n'était pas de manifestation de la vie politique à laquelle ne soit associé l'accomplissement d'actes religieux : libations, prières, sacrifices. A ce sujet, Claude Mossé souligne que « certaines grandes fêtes religieuses étaient en même temps des actes politiques : ainsi la grande procession des Panathénées[23] symbolisait le lien étroit existant entre la cité et sa divinité tutélaire, Athéna [...]. S'abstenir de participer à ces manifestations à la fois civiques et religieuses était donc un acte d'hostilité envers la cité, et, comme tel, passible d'une condamnation pouvant aller jusqu'à la mort[24] ». Il s'ensuit que la religion des dieux traditionnels et conventionnels était une religion d'État dans la cité athénienne, et quiconque manifestait le refus d'honorer ces divinités était non seulement frappé d'impiété ou d'hérésie, mais aussi et surtout de subversion vis-à-vis de la cité, avec tout ce que cela entraîne en termes de pénalités, qui pouvaient aller jusqu'à la peine capitale infligée au téméraire.

Socrate, épris viscéralement de liberté, va s'opposer à ce conventionnalisme religieux plutôt aliénant à ses yeux. Il se résout en revanche à croire et à se soumettre à son démon,

---

[23] Processions annuelles en l'honneur de la déesse Athéna.
[24] Claude Mossé, *op. cit.*, p.85.

sorte de divinité intermédiaire entre les divinités classiques et les hommes. Par cet acte, Socrate introduit le pluralisme religieux, et, partant, la laïcité à Athènes, c'est-à-dire la fin du monopole étatique du religieux. La liberté religieuse portée ainsi sur les fonts baptismaux par le « père de la philosophie » sera, l'on s'en doute bien, lourdement sanctionnée par la justice populaire athénienne. On le condamnera à boire la cigüe, sorte de poison extrêmement violent et toxique. Voici d'ailleurs les termes de l'acte d'accusation porté par Mélétos contre lui, du moins tel qu'il le rapporte lui-même dans *Euthyphron :* « il dit que je fabrique des dieux, que j'en introduis de nouveaux et que je ne crois pas aux anciens. Voilà ce dont il m'accuse[25] ». Ce faisant, Socrate inaugure la défense d'un droit humain fondamental : le droit à la liberté religieuse ou de culte, pas nécessairement différente de la liberté de pensée.

Au demeurant, la liberté constitue le ferment de la philosophie Socratique. Socrate nourrit en effet la ferme ambition d'émanciper l'homme des pesanteurs somatiques, épistémologiques, politiques et religieuses qui l'aliènent, l'asservissent et l'empêchent de mener une « vie bonne » et donc de coïncider avec son humanité. Mais il n'y a pas que Socrate dans l'Antiquité grecque à promouvoir le droit à la liberté, synonyme d'accomplissement de l'humanité de l'homme, Platon, son disciple, en fait également un combat philosophique de premier ordre.

II. Platon et l'éducation de l'âme comme facteur de libération

Michel Foucault parle d'*épistémè* pour traduire un ensemble de constantes théoriques et conceptuelles présentes dans les discours scientifiques à une époque donnée. Autrement dit, un ensemble des préoccupations scientifiques

[25] Platon, *Euthyphron*, *op.cit.*, p.14-15.

qui constituent le soubassement et la toile de fond de l'armature discursive caractéristique d'un contexte historique. Hubert Mono Ndjana appelle cela une tournure d'esprit caractéristique dans le champ du savoir propre à une époque. Voici à ce sujet l'éclairage qu'un passage de l'*Archéologie du savoir* apporte à ce concept : « Par épistémè, souligne l'auteur, on entend, en clair, l'ensemble de relations pouvant unir, à une époque donnée, les pratiques discursives qui donnent lieu à des figures épistémologiques, à des sciences, éventuellement à des systèmes formalisés [...]. L'épistémè, ce n'est pas une forme de connaissance ou un type de rationalité qui, traversant les sciences les plus diverses, manifesterait l'unité souveraine d'un sujet, d'un esprit ou d'une époque ; c'est l'ensemble des relations qu'on peut découvrir, pour une époque donnée, entre les sciences quand on les analyse au niveau des régularités[26] ». Même si, par option idéologique, notamment l'idéologie matérialiste, Foucault évite soigneusement de concevoir l'*épistémè* comme « esprit » d'une époque, comme « sujet transcendantal », c'est-à-dire sujet faisant office de condition de possibilité de l'émergence des théories et des discours scientifiques au cours d'une époque, préférant parler, en bon structuraliste, d'un tissu de relations, obliques, latérales, s'établissant entre les régularités discursives qui constituent les sciences, lesquelles relations existent sans doute objectivement, il n'en demeure pas moins, ainsi que le souligne fort pertinemment Hubert Mono Ndjana, qu'« il s'agit bien d'une objectivité inexpressive qui, pour être précisément exprimée et communiquée, attend d'être découverte par l'esprit de l'archéologue du savoir, Michel Foucault[27] ». Manifestement, la vieille querelle opposant les philosophies du sujet et les structuralismes ou les

---

[26] Michel Foucault, *L'Archéologie du savoir*, Paris, Gallimard, 1969, p.250.
[27] Hubert Mono Ndjana, *Beauté et vertu du savoir*, *op.cit.*, p.24-25.

philosophies de la mort de l'homme a encore de beaux jours devant elle. Mais notre propos dans le cadre de cette réflexion est totalement étranger à ce débat.

En tout cas, l'*épistémè* de l'Antiquité grecque se trouve être la liberté comme gage de l'humanisation de l'homme, ainsi que nous avons pu l'observer chez Socrate, préoccupation philosophique à laquelle n'échappe pas son disciple Platon. L'on retrouve chez Platon en effet cette préoccupation de l'épanouissement de l'homme, ou de l'âme, notamment dans *La République*, livre VII, où la dialectique s'illustre comme méthode d'investigation philosophique dont la vocation est de convertir l'âme, progressivement, des ténèbres vers la lumière, du mal vers le bien, par le truchement de l'éducation. La faculté d'apprendre et l'organe destiné à cet effet appartiennent d'emblée à l'âme qui peut donc se tourner vers l'être, le monde intelligible, tout en supportant son faisceau lumineux éblouissant : le Bien. Tel est donc l'art de l'éducation : comme l'organe de l'âme « est mal tourné et ne regarde pas où il faudrait, elle s'efforce de l'amener dans une bonne direction[28]». Le rôle de l'éducation est de ce fait de convertir l'âme du monde sensible, celui de l'ignorance et de l'obscurantisme où elle est en captivité, vers le monde intelligible, celui des archétypes éternels, lequel correspond à la connaissance vraie synonyme de libération de l'homme, ou de l'âme : c'est ce qu'on a coutume d'appeler la dialectique ascendante.

II.1. La dialectique ascendante : mouvement de l'âme vers sa libération

Dans l'allégorie de la caverne contenue dans *La République*, livre VII, en effet, Platon nous présente un monde duel, à savoir le monde sensible et le monde intelligible. Le premier est celui dans lequel règne

---

[28] Platon, *La République*, U.51c, voir G/F, Paris, 1966, p.277.

l'obscurantisme et l'ignorance, et où les âmes ignorantes, parce qu'engluées dans la connaissance prélogique ou doxique, et qu'il compare aux prisonniers de la caverne, manipulent les ombres ou les pâles reflets de la lumière et les considèrent comme la lumière véritable. « Si donc ils (prisonniers) pouvaient s'entretenir ensemble, dit-il à Glaucon, ne penses-tu pas qu'ils prendraient pour des objets réels les ombres qu'ils verraient ?[29] ».

Le monde sensible, c'est aussi un monde illusoire, éphémère et fugace, parce que soumis au mobilisme héraclitéen, c'est-à-dire au changement et au devenir ; un monde où tout s'écoule et même s'écroule en permanence ; un monde où la connaissance rationnelle ou intellectuelle est radicalement impossible, mais où règne plutôt la *doxa*, c'est-à-dire l'opinion ou la connaissance prélogique dicté par les sens. Il s'agit, finalement, d'un monde dans lequel l'âme patauge dans le « sous-développement », qui « correspond donc, écrit Hubert Mono Ndjana, à l'état premier caractérisé par le règne des ténèbres et des chaînes de l'ignorance, où l'on ne saurait se manifester dans la pleine mesure de soi. Cet état est auto-limitatif, auto-oppressif, et s'oppose à l'étape ultérieure où le prisonnier, libéré enfin de ses chaînes par la dialectique, s'épanouit et s'éclate dans la lumière de la vérité-soleil[30] ».

Pour sortir de ce bourbier chaotique, de cet état auto-limitatif, auto-oppressif, voire auto-répressif, où l'âme est incapable de donner la pleine mesure de son potentiel, Platon l'exhorte à adhérer à cette méthode qu'il appelle la dialectique, laquelle est susceptible de la conduire vers la lumière, en l'occurrence le monde intelligible ou des Idées. La dialectique est, pour Platon, un chemin qui permet à l'âme d'accéder au Vrai rectifié, c'est-à-dire au Vrai authentique,

---

[29] *Ibid.*, 515b-516b.
[30] Hubert Mono Ndjana, *op.cit.*, p.16-17.

antinomie de celui fallacieux entretenu dans la caverne. Ainsi, la dialectique est le déploiement d'une raison à l'œuvre, en acte, progressant par contradictions surmontées, par détection graduée des erreurs, des illusions, des hallucinations inhérentes aux impressions sensibles ou sensorielles. Elle est aussi et surtout la science du Vrai, du Juste, du Beau, mieux du Bien, c'est-à-dire de l'Absolu dont tout procède. Moyen et fin de la connaissance, en sa double teneur démonstrative et intuitive, elle appréhende aussi l'être, en sa double texture sensible et intelligible. Elle dirige, en tout, vers l'essence stable et pérenne, fondement du réel perçu et pensé. Elle élève celui qui la pratique, convertit son regard, le guide d'ici-bas vers l'au-delà, du chaos des impressions, de l'incertitude du savoir, vers l'ordre immuable et certain de l'intellection. « La méthode dialectique, écrit Platon, est la seule qui, rejetant les hypothèses, s'élève jusqu'au principe même pour assurer solidement ses conclusions, la seule dont il est vrai de dire qu'elle tire peu à peu l'œil du grossier bourbier où il est enfoui et l'élève en haut[…]. La dialectique est le faîte et le couronnement des sciences […] il n'en est pas d'autre qu'on puisse raisonnablement placer au-dessus d'elle[31] ».

Toutefois, il convient de le souligner, l'ascension de l'âme du monde sensible vers le monde intelligible, communément appelée dialectique ascendante, ne se fait pas automatiquement, loin s'en faut, elle nécessite une progression graduelle qui oblige l'âme à transiter par la *dianoia*, c'est-à-dire la connaissance mathématique : arithmétique, géométrie, stéréométrie, astronomie, harmonie, et la prépare à l'abstraction. Les mathématiques ont ceci de particulier qu'elles se situent à mi-parcours entre la sensibilité et l'intelligibilité. Elles sont abstraites, certes, mais elles sont destinées à l'application empirique. Pour cela, elles

[31] *Ibid.*, 533d et 535a.

partagent à la fois l'essence du sensible et celle de l'intelligible. Voilà pourquoi elles constituent une étape propédeutique, une étape d'acclimatation de l'âme aux rudiments de l'abstraction avant son atterrissage dans l'abstraction suprême qui se situe dans la sphère des fixes, la sphère des paradigmes immuables et éternels. Aussi Platon assigne-t-il aux mathématiques la vocation de « tourner l'âme du jour ténébreux au vrai jour, c'est-à-dire de l'élever jusqu'à la réalité[32]», autrement dit, à la connaissance dans sa plénitude, synonyme de son accomplissement.

La dialectique ascendante consiste donc à rassembler ce qui est dispersé ; elle va du Multiple à l'Un, de l'ombre à la lumière, de l'apparence à l'essence, de l'opinion à la science, du réel sensible au réel intelligible qu'est l'Idée ou la forme. Elle permet, ainsi que le souligne Anne Baudart, non sans pertinence, « d'accéder graduellement aux principes des choses existantes puis, de façon plénière, au Principe premier, anhypothétique, absolu, qui fonde et illumine tout[33] ».

En définitive, la dialectique ascendante éduque l'âme à la conversion, qui se traduit par la négation et la transcendance des réalités empiriques et sensorielles, qui constituent une sorte de tombeau pour elle, et l'élévation vers les réalités intelligibles et éternelles. Ainsi, la dialectique ascendante est un facteur de libération de l'homme, ou de l'âme, laquelle libération correspond à son accomplissement plénier.

Mais le dialecticien, qui aura eu le privilège de libérer son âme du bourbier sensoriel qui le maintenait en captivité, et de contempler les Idées immuables et éternelles du monde intelligible, ne devrait pas se contenter de sa libération solitaire, ce qui constituerait une attitude injuste, voire égoïste envers la cité. Il devrait plutôt redescendre dans la

---

[32] *Ibid.*, 521c.
[33] Anne Baudart, *Histoire de la philosophie*, Paris, Vrin, 1999, p.33.

caverne retrouver ses anciens compagnons de misère, qui continuent de manipuler les ombres ou les pâles reflets de la lumière, et de les considérer comme la lumière authentique. La finalité de cette descente du dialecticien dans la caverne, c'est de sensibiliser ses locataires en leur faisant prendre conscience de leur torpeur, de leur léthargie épistémologique ou de leur obscurantisme, d'une part, et de leur montrer la démarche à suivre pour pouvoir s'en émanciper, d'autre part : c'est la dialectique descendante.

II.2. La dialectique descendante ou l'idéal humaniste de libération collective

La dialectique descendante correspond précisément à la descente du dialecticien ou du philosophe dans la caverne, après s'être imprégné de la lumière qui jaillit des Idées du monde intelligible et dont procèdent les objets chaotiques du monde sensible ou sub-lunaire. La perspective téléologique de sa descente dans la caverne au terme de son séjour initiatique et contemplatif dans l'intelligible est essentiellement pédagogique. La mission du dialecticien ou du philosophe dans la cité consiste en effet à éduquer les caverneux à l'art de la dialectique, lequel permet de transcender ou mieux de surmonter les objets sensibles pour atteindre leurs principes étiologiques, qui leur confèrent sens, unité, cohésion, cohérence et ordre. Car dans l'optique platonicienne, seule la dialectique, en tant que méthode d'investigation philosophique, « nous permet d'appréhender les liens qui unissent des données et approches disparates, en nous dévoilant les principes qui les fondent et la dynamique qui président à leur apparition[34] ». Le dialecticien développe ainsi les implications de la vision unitaire et retrace, par la

[34] André Liboire TSALA MBANI, *Les défis de la bioéthique à l'ère « éconofasciste ». Décryptage d'une prise en otage par des intérêts économico-idéologiques*, Paris, L'Harmattan, 2009 (préface de Dominique Folscheild).

discursivité et la distinction, les différents degrés et niveaux de connaissance et d'existence, même si cela ne lui vaut pas que des amis. Le dialecticien, ancien locataire de la caverne devenu maïeute ou éducateur, voire libérateur, est très souvent l'objet des incompréhensions de la part de ses anciens compagnons de misère de la caverne, lesquels, par effet d'accoutumance aux apparences et aux illusions, sont généralement allergiques, voire hostiles à la démonstration suivant laquelle les objets sensibles qu'ils perçoivent dans les ténèbres de la caverne ne sont que des ombres ou des pâles reflets de la lumière des Idées. C'est cela aussi le rôle du philosophe dans la cité auquel il ne saurait renoncer, même au prix des invectives, des railleries, et même parfois du sacrifice suprême. Quelle est donc le rôle du philosophe dans la cité tel que perçu par Platon ?

L'opinion commune largement répandue réduit le platonisme au platonique, c'est-à-dire à une sorte d'idéalisme béat sans souci de transformation du réel et donc sans souci d'action. Le philosophe serait donc ce théoricien qui, au terme de ses pérégrinations dialectiques, se mue en contemplateur solitaire et passif des Idées, attitude qui le déconnecterait de ses concitoyens encore enchaînés dans les ténèbres, et vis-à-vis du destin desquels il affiche une indifférence et un dédain notoires, qui le ravalent à un inadapté social, voire carrément à un fou. « Il est certes vrai, comme le reconnaît Ebénézer Njoh-Mouelle, que la « contemplation de l'idée », en d'autres termes, l'achèvement du parcours dialectique, peut procurer et procure effectivement un contentement de l'esprit tel que le sujet peut ne plus désirer « redescendre sur terre », parmi les ombres et les illusions dont la caverne est remplie ![35] ». Mais, il est bon de le souligner, Platon exhorte sans équivoque le dialecticien,

[35] Ebénézer Njoh-Mouelle, *La philosophie est-elle inutile ?*, Yaoundé, CLE, 2002, p.19.

qui a eu le privilège de libérer son âme et de contempler ainsi les essences des apparences et des illusions qui peuplent la caverne, à « redescendre de ces hauteurs pour contribuer à redresser les images qui sont sens dessus dessous dans la caverne de notre monde sub-lunaire[36] ». Il s'ensuit que, pour l'auteur de *La République*, le philosophe, après avoir acquis par le truchement de la dialectique la libération son âme, se traduisant par le partage de l'intimité de l'Être, laquelle coïncide avec la connaissance vraie, doit nécessairement avoir le courage de redescendre dans le chaos sensible pour y mettre de l'ordre, et surtout, pour initier les locataires de la caverne à la dialectique comme moyen de libération des chaînes de l'obscurantisme et de l'ignorance, afin que eux aussi, dans la mesure du possible[37], puissent goûter à la joie de partager les méandres de l'Être, et donc de la connaissance vraie. « Le philosophe se trouve par-là, investi d'une mission de veilleur perpétuel, un veilleur qui fonctionne en réalité comme un éveilleur des consciences et non comme un conservateur de musée […].Tout cela, afin d'arracher les savoirs et les pratiques à un dogmatisme qui changerait science et conscience en valeurs de sécurité […]. La philosophie, dans cette vieille lignée socratique, est bel et bien l'envers des certitudes, le refus des clôtures et des enfermements, le rejet de toute dogmatique au profit d'une aporétique, c'est-à-dire d'une mise en forme des difficultés

---

[36] *Ibid.*

[37] Il est bon et honnête de reconnaître avec Ebénézer Njoh-Mouelle que « seule une minorité de gens favorisées par la naissance avaient le loisir de se consacrer aux études et, en particulier, aux études philosophiques. Une autre catégorie, celle des gens moins « bien nées » se consacraient aux travaux devant permettre à la première catégorie de satisfaire leurs besoins vitaux et fondamentaux. La sagesse dont la philosophie est amour ne pouvait concerner que cette élite, car ç'en était bien une. « Liée à une disponibilité d'esprit et de temps qui suppose que les besoins vitaux soient assurés, la philosophie, historiquement, a été le fait de très petits cercles », *Ibid.*, p.20.

dernières et des antinomies qu'on ne peut ni surmonter, ni rejeter[38] ».

On le voit, le platonisme est parfaitement arrimé à l'*épistemè* en vigueur dans l'Antiquité grecque, à savoir la définition des mécanismes méthodologiques, théoriques et conceptuels susceptibles de favoriser l'accomplissement de l'humanité de l'homme, synonyme de sa libération des pesanteurs obscurantistes aliénantes. Car la mission que Platon assigne à la philosophie, ainsi que le rappelle fort opportunément Ebénézer Njoh-Mouelle, est « naturellement de se préoccuper de la liberté de l'homme[39] ». Il est donc, après son maître Socrate, l'un des précurseurs du droit à la liberté comme droit humain fondamental.

En dernière analyse, la philosophie de la Grèce ancienne en général, et celle de Socrate et Platon en particulier, prennent en charge la question des droits de l'homme, peut-être pas dans les mêmes termes où elle est posée aujourd'hui, puisqu'il s'agit quand même des prémices ou des tout premiers balbutiements en la matière, mais en tout cas dans le souci partagé de réaliser pleinement l'homme ; réalisation dont le socle est, nous l'avons dit, la liberté. C'est dire que les droits de l'homme, tels que conçus et perçus par les Anciens, ont un fondement rationnel, au même titre que les trois générations classiques des droits de l'homme, qui sont l'héritage des Lumières. A la seule différence que les premiers sont quelque peu élitistes, par ce qu'ils excluent certaines catégories sociales, notamment les esclaves, tandis que les seconds ont une amplitude et un tempérament universels.

---

[38] *Ibid.*, p.23-24.
[39] *Ibid.*, p.27.

CHAPITRE DEUXIEME

L'APPROCHE UNIVERSALISTE MODERNE DES DROITS DE L'HOMME

Les droits de l'homme, nous l'avons souligné dès l'entame de cette réflexion, se présentent comme un ensemble de protections minimales permettant à l'individu de vivre en toute dignité, tout à fait à l'abri des empiétements de l'arbitraire étatique ou autre. Pour cela, ils bâtissent autour de l'individu une digue de protection en guise d'espace intangible, infrangible et inviolable. Bref, ils constituent une logistique juridique visant de relativiser et à limiter (du moins en ce qui concerne la première génération des droits de l'homme) les pouvoirs de l'État. Toutes choses qui correspondent à ce que l'on appelle les « libertés fondamentales » de l'individu.

Au regard de ce déblayage conceptuel, les droits de l'homme issus de l'époque Moderne apparaissent comme inextricablement rattachés à une philosophie individualiste, c'est-à-dire une philosophie qui vise la promotion et l'accomplissement de l'individu dans la société. Dès lors, le pouvoir « sera dit légitime s'il respecte un certain nombre de prérogatives accordées à l'individu comme tel. En d'autres termes, l'individu, avec ses droits, constitue le but de l'association politique, ce qui relie la conception des droits de l'homme à l'idée d'un pouvoir basé sur le contrat social[40] ». Il en ressort que la téléologie ultime de toute communauté politique est la réalisation de l'individu, laquelle est impulsée par les libertés fondamentales, qui constituent l'ossature des

[40] Guy Haarscher, *op.cit.*, p.12.

droits de l'homme. Il en ressort également que les droits de l'homme, tels que conçus par les dix-huitièmistes, c'est-à-dire en tant que mécanismes législatifs au service de la promotion de la dignité de l'individu, sont arrimés à l'idée d'un pouvoir politique dont la légitimité repose sur le contrat social. Ce contractualisme, qui s'est largement répandu à l'époque moderne, se décline en quatre principaux piliers : l'état de nature, le droit naturel, le contrat proprement dit, et le rationalisme.

I. La philosophie contractualiste des droits de l'homme et ses piliers

L'un des piliers notionnels de la philosophie contractualiste est sans conteste l'hypothèse de travail dénommée état de nature.

I.1. L'état de nature

La notion de contrat social est une fiction rétrospective sur la situation des individus avant l'avènement de toute communauté politique ou avant l'existence de toute autorité politique. Le bien fondé de cette fiction, c'est d'expliquer l'origine de la société, et les bases de la philosophie individualiste. Pour les contractualistes, les hommes sont naturellement libres et égaux. Ils sont libres dans la mesure où nul n'exerce d'autorité naturelle sur autrui. En somme, chacun, à l'état de nature, est son propre maître. Ils sont égaux, en ce sens que la liberté dont il est question est l'apanage de tous. La philosophie politique de Jean-Jacques Rousseau est à situer dans cette vision. Il affirme en effet dans le *Contrat social*[41] qu'à l'état de nature, les individus présentent des vertus telles l'égalité, la liberté, l'innocence et la bonté. Mais en dépit de toutes ces qualités, l'état social ou politique est une nécessité, en ce sens que, ici, l'individu

---

[41] Jean-Jacques Rousseau, *Du contrat social*, Paris, Flammarion, 2001.

renonce à l'obéissance à sa propre volonté, où il est réduit à un être purement sensible, au profit de la soumission à la volonté générale, afin de s'affirmer comme être raisonnable et moral. Aussi définit-il la problématique centrale de cet ouvrage en ces termes : s'il est établi que l'état social ou politique est une nécessité, étant donné qu'il est difficilement envisageable que l'homme puisse se passer du secours de son prochain dans un état fondé sur des conventions, comment définir une convention qui se présente comme un savant dosage des avantages de l'état social et ceux de l'état de nature ? Comment mettre sur pied, par exemple, un système éducatif tel que l'apprenant garde toute l'innocence et toute la bonté innées de l'homme ?

En tout cas, Rousseau est convaincu d'une chose : les hommes sont appelés à s'associer. Voilà pourquoi il est impérieux de trouver une forme d'association qui conserve aux individus l'égalité et la liberté qu'ils avaient à l'état de nature, de manière à ce que la convention qui conditionne le passage à l'état social ne soit pas perçu comme un contrat d'aliénation, c'est-à-dire un contrat qui, au lieu d'accomplir pleinement l'homme, le rend plutôt étranger à sa propre essence. De plus, Jean-Jacques Rousseau est conscient de ce qu'à l'état de nature, l'homme est moins attaché aux hommes qu'aux choses, et cet attachement est loin d'hypothéquer sa liberté : comment conserver cet atout dans l'état social ? A cet effet, l'auteur préconise « de substituer la loi à l'homme et d'armer les volontés générales d'une force réelle, supérieur à l'action de toute volonté particulière. Si les lois des nations pouvaient avoir, comme celles de la nature, une inflexibilité que jamais aucune force humaine ne pût vaincre, la dépendance des hommes redeviendrait alors celle des choses ; on réunirait dans la république tous les avantages de l'état naturel à ceux de l'état civil, on joindrait à la liberté qui maintient l'homme exempt de vices la moralité qui l'élève à la vertu[42] ». En clair, pour que l'homme puisse sauvegarder, pérenniser, voire consolider ses qualités naturelles une fois rentré au sein de la communauté politique, force doit revenir la loi, celle-ci doit être la plus rigide et la plus ferme qui soit, et surtout revêtir toute la charge coercitive et dissuasive nécessaire pour neutraliser toute volonté particulière, notamment celle du souverain, qui, parfois, rame à contre courant de la volonté générale.

On l'aura certainement compris, chez Rousseau, le passage de l'état de nature à l'état social n'est pas synonyme d'aliénation de ses droits au profit d'un despote, comme c'est le cas chez Thomas Hobbes. Il s'agit plutôt d'une aliénation de tous ses droits à toute la communauté, c'est-à-dire à la volonté générale. Ainsi, l'individu devient plus libre et épanoui qu'il ne l'était à l'état de nature. Au moment où il pense avoir tout perdu en termes de qualités et vertus naturelles, il se rendra compte avec un peu de recul qu'il aura plutôt tout gagné à l'état civil. Car en réalité, « avec la vie sociale commencent en effet le droit et la moralité. Il n'y a droit et moralité que là où il y a des règles universelles ; il n'y a pas de règle universelle, là où il n'existe pas de volonté générale, c'est-à-dire avant le contrat, où chacun suit sa volonté particulière[43] ». Il s'ensuit que le renoncement à soi comme être sensible entraîne l'affirmation de soi comme être raisonnable et moral. Le contrat rousseauiste est donc un contrat de liberté, laquelle correspond à l'épanouissement total de l'individu. Dans le même ordre d'idées, la société, telle que l'appréhende Jean-Jacques Rousseau, se présente comme celle où le souverain et les citoyens sont sur le même

[42] Jean-Jacques Rousseau, cité par Emile Bréhier, *Histoire de la philosophie*, tome II, Paris, Quadrige/PUF, 1996, p. 420-421.
[43] *Ibid.*, p.423.

piédestal, puisque tous sont égaux devant la loi. Ce qui semble tout le contraire chez Thomas Hobbes[44].

L'auteur de *Léviatan* considère en effet le contrat social comme une hypothèse rendant compte de l'organisation du pouvoir légitime. La particularité du système philosophique de Hobbes, c'est qu'il prend fait et cause pour le pouvoir absolu, tout en adhérant au pacte social, puisqu'il n'envisage pas la construction d'une société sans la notion de pacte social. D'ailleurs, il est convaincu que celui-ci ne remet nullement en cause l'absolutisme. Bien au contraire, il pense que le pacte social, s'il est bien assimilé, y conduit inéluctablement.

On le voit, la philosophie contractualiste hobbesienne vibre en opposition de phase avec la thèse naturaliste de l'origine de la société développée par Aristote dans *Les politiques*[45]. Pour le Stagirite en effet, l'homme est un « animal politique », c'est-à-dire qu'il est naturellement enclin à vivre en société, animé qu'il est par l'instinct grégaire. Pour cela, il pense que l'homme qui vivrait hors de la communauté politique est soit un dieu, qui n'a besoin de quelque entraide que ce soit pour vivre, soit alors un fou, qui évolue en marge de la société par ignorance ou par inconscience des avantages que celle-ci présente. Cette thèse est vigoureusement combattue par Thomas Hobbes, qui pense que l'on ne cherche à vivre en société que par intérêt et non pas par inclination. Bien plus, l'homme est par nature aussi sauvage que les animaux les plus féroces : « l'homme est un loup pour l'homme ». Celui-ci est doté d'un instinct, le seul que Hobbes puisse reconnaître à l'homme, à savoir l'instinct de conservation. Si le « droit naturel » est considéré comme la liberté que chacun a d'user de ses facultés naturelles

---

[44] Thomas Hobbes, *Léviatan*, trad. du latin par François Tricaud et Martine Pécharman, Paris, Vrin, 2004.
[45] Aristote, *Les politiques*, trad. Pierre Pellegrin, Paris, Flammarion, 1993.

conformément à la droite raison, il en découle logiquement que l'homme a par nature le droit de faire tout ce qu'il jugera bon pour sa conservation, c'est-à-dire de faire ou de posséder tout ce qui lui plaît. Mais dans le même temps, la raison rappelle à l'homme que ce droit naturel sur toutes choses ne lui est pas exclusif, puisqu'il est l'apanage de tous les autres hommes, qui sont par ailleurs égaux. Il en résulte alors, l'on s'en doute bien, une guerre de tous contre tous, qui est antinomique à la conservation de tous comme de chacun. L'instinct de conservation, éclairé par la lumière naturelle qu'est la raison, nous invite donc à fuir la guerre et à rechercher la paix, il y va de notre conservation. Pour ce faire, il est de bon ton de renoncer à exercer son droit sur toute chose par l'adhésion au pacte social. C'est dire que la téléologie du pacte social proposé par Thomas Hobbes, c'est notre propre conservation, puisque les individus, en cédant leurs droits naturels au despote, notamment le léviathan, celui-ci s'engage à leur garantir la protection et la sécurité nécessaires à la préservation de soi.

Au demeurant, force est de souligner avec Guy Haarscher, au terme de cette analyse, que le contrat social rousseauiste et le pacte social hobbesien n'ont été envisagés « que pour faire respecter les droits fondamentaux de l'individu. Qu'est-ce à dire, sinon que ces droits, pour nous, existent « avant » l'institution de l'État, dans l'exacte mesure où un contrat l'instaurerait pour mieux les garantir ? Il y aurait donc des droits antérieurs à l'État, ceci se manifestant en ce que le pouvoir politique n'est légitime que s'il les respecte[46] ». Ces droits, ce sont bien évidemment les droits naturels, qui constituent le second pilier du contractualisme.

[46] GuyHaarscher, *op.cit.*, p.13.

I.2. Le droit naturel

Dans un État moderne, les individus disposent des droits, c'est-à-dire des intérêts subjectifs protégés en particulier par la loi. Ces droits sont dits « positifs », parce qu'ils sont posés par le législateur ou l'autorité politique dont ils sont l'émanation. Mais la tradition philosophique contractualiste, dont les figures de proue sont Thomas Hobbes et John Locke, fait prévaloir un autre type de droits appelés droits « naturels ». Ils sont considérés comme tels parce qu'ils sont consubstantiels à l'homme, c'est-à-dire qu'ils partagent son essence. En d'autres termes, « ils sont considérés comme tellement fondamentaux qu'aucune vie en société digne de ce nom ne semble possible sans qu'ils soient respectés[47] ». La logique de ce raisonnement voudrait donc qu'un droit positif institué par le pouvoir politique, s'il venait à enfreindre les droits naturels, serait considéré, du point de vue de la philosophie contractualiste, illégitime ; que ce pouvoir politique soit d'obédience monarchique, oligarchique ou démocratique, peu importe. « Chacun sait en effet que les majorités sont changeantes, influençables et faillibles, et qu'il ne suffit pas que la volonté soit générale pour qu'elle s'avère *ipso facto* rationnelle. Le principe démocratique ne peut donc valoir que dans de strictes limites, qui sont précisément celles de la philosophie des droits de l'homme : à supposer qu'un seul individu défende ces derniers contre une opinion majoritaire décidée à les violer, c'est ce solitaire qui, du point de vue de la philosophie contractualiste, aurait adopté la seule attitude légitime. En d'autres termes, toute autorité, même démocratique, agit dans les limites définies : si une règle pourtant adoptée par la majorité contrevient aux dispositions de la « loi naturelle » (en l'occurrence le principe de la séparation des pouvoirs), elle sera *ipso facto* déclarée

[47] *Ibid.*, p.13-14.

illégitime[48] ». En clair, dans la perspective contractualiste, une règle arrêtée par la majorité, s'il s'avère qu'elle est contraire à la « loi naturelle », ne sera pas légitimée sous prétexte qu'elle est l'émanation de la volonté générale. C'est dire que la loi du nombre ne garantit pas la rationalité d'un choix. On comprend mieux, dès lors, pourquoi Platon n'avait pas beaucoup de sympathie pour le système politique démocratique, parce qu'il estimait que la majorité ne prend pas toujours de décisions rationnelles, c'est-à-dire susceptibles d'entretenir et de raffermir la cohésion sociale.

En revanche, si un individu défendait une position qui soit dans le sens du respect de la philosophie des droits de l'homme contre une opinion majoritaire affichant manifestement la volonté de travestir et de violer ces derniers, c'est bien cet individu isolé qui, conformément à la philosophie contractualiste, aurait adopté une posture légitime. Il s'ensuit que la légitimité d'une norme est fonction de sa cohérence avec la philosophie des droits de l'homme, et non pas du nombre d'individus l'ayant édictée.

La moralité qui se dégage de ce conflit de légitimité dans les sociétés modernes démocratiques, et Thomas Hobbes l'avait bien compris depuis le XVIIe siècle, est la suivante : pour avoir la paix et la stabilité au sein d'une société, quelle qu'elle soit, il nécessaire qu'il y ait une source unique du droit. Voilà pourquoi Hobbes s'était ingénié à élaborer une philosophie dans la poursuite d'un seul but : « instituer la paix entre les hommes en déterminant une source unique du droit[49] ». Celle-ci correspond à une force naturelle irrésistible, qui est susceptible de fédérer les opinions contraires, et d'écarter ainsi tout conflit. Ce qui caractérise

---

[48] *Ibid.*, p.15.

[49] Thomas Hobbes, cité par André Liboire TSALA MBANI, *Biotechnologies et Nature Humaine. Vers un terrorisme ontologique*, Paris, L'Harmattan, 2007, p.150.

cette force, c'est sa souveraineté, « car le conflit, dans une société, ne naît que de la pluralité des sources du droit, lorsqu'un individu argue de sa soumission à une autorité pour désobéir à une autre [50]». La source unique du droit préconisée par Thomas Hobbes est, d'après lui, la plus puissante, dénuée de tout risque de contestation : c'est le droit naturel, le droit divin ayant été déclaré inapte à pouvoir concilier les intérêts politiques. Les droits émanant d'une religion révélée, en effet, même s'ils peuvent être pertinents, ne sauraient fonder les droits politiques dans un contexte de démocratie libérale. John Locke, dès l'entame de son *Second traité de Gouvernement civil*, s'attaque au droit divin en démontrant son inaptitude à pouvoir légitimer un pouvoir : « on a montré [...] qu'Adam ne possédait [...] par un don positif de Dieu, une autorité sur ses enfants, ou un empire sur le monde, tels que ceux que l'on prétend ; que s'il le possédait, ses héritiers n'y avaient cependant aucun droit ; que même si ses héritiers le possédaient, comme il n'existe ni loi de nature ni loi positive de Dieu qui détermine, dans tous les cas possibles, qui est l'héritier légitime, le droit de succession, et par conséquent celui de régner, n'auraient pas pu être déterminés avec certitude[51] ».

L'un des enjeux du libéralisme moderne était en effet le déclassement de la religion comme fondement de l'ordre politique. Cela se justifiait par les guerres que se livraient les régimes politiques fondés sur la religion au XVIIe, lesquels régimes avaient du mal à s'entendre sur les premiers principes religieux. Les guerres de religions qui ont meublé l'époque classique étaient donc des conflits doctrinaires. Il convient pour cela de percevoir l'arrière-plan de la description faite par Hobbes de l'état de nature – une guerre de « tous contre tous » comme une illustration de la violence

---

[50] *Ibid.*

[51] John Locke, *Le second traité du gouvernement civil*(1689), Paris, PUF, 1994, p.3.

sectaire de cette époque[52]. Voilà pourquoi il substitua au droit divin le droit naturel comme source unique du droit, même si cela est vivement contesté aujourd'hui, notamment par des philosophes négateurs des fondements naturels du droit positif, à l'instar de Dominique Lecourt[53] et de Gilbert Hottois[54].

En tout cas, la notion de droit naturel induit la subordination du droit positif aux principes antérieurs à lui, même si ce droit positif est l'expression d'une majorité démocratique. Mais une question demeure incontournable : si le droit positif édicté par l'autorité politique quelle qu'elle soit, est assujetti à un droit naturel qui lui est antérieur, la naissance de la société civile ou politique était-elle nécessaire ? Quelle est le bien-fondé de ce que Guy Haarscher appelle « dédoublement du droit », c'est-à-dire le passage de l'état de nature où règne le droit naturel, à l'état politique où règne le droit positif soumis au droit naturel, ce qui correspond au règne médiatisé du droit naturel ? Cette mutation du même au même n'est-elle pas dictée par le besoin de respectabilité, de sécurité et de légitimité exprimé par le droit naturel, et dont l'instauration de la société politique serait garante, en dépit des risques de transgressions

---

[52] Francis Fukuyama, *op.cit.*, p.199-200.

[53] Dominique Lecourt, *Humain posthumain*, Paris, PUF, 2003.

[54] Gilbert Hottois, *Qu'est-ce que la bioéthique ?*, Paris, Vrin, 2004. A la vérité, ces deux auteurs rejettent la notion de droit naturel comme fondement du droit positif, du fait, pensent-ils, de ses prétendus présupposés métaphysiques. Ils semblent ramener ainsi le droit naturel au droit divin, ce qui correspond à un réductionnisme de courte vue, qui, lui-même, est dicté par des préoccupations purement idéologiques. Car les droits naturels sont ceux rattachés à l'être humain du seul fait qu'il est humain, indépendamment de ce que l'on peut penser de l'étiologie de celui-ci. D'ailleurs, ainsi le souligne Léonard Dumont, avec une pertinence inouïe, les droits naturels sont reconnus avec évidence, dans l'état de nature, par la « lumière naturelle », c'est-à-dire la raison. Cf. Léonard Dumont, *Homo Aequalis*, Paris, Gallimard, 1977, p.67.

et de dérapages que cette dernière présente ? C'est ici que la notion contrat social, troisième pilier de la philosophie contractualiste, revêt toute son importance et toute sa pertinence, à l'effet de définir et de baliser la plateforme au sein de laquelle devront se déployer et se mouvoir les instruments juridiques édictés par l'autorité politique, lesquels se doivent d'être arrimés au droit naturel, qui leur confère toute la légitimité nécessaire à la cohésion social

I.3. Le contrat social

La mutation de l'état de nature à l'état politique ou civil est conditionnée, nous le savons, par l'existence d'une convention ou d'un contrat passé entre les individus. Celui-ci, pensent les philosophes contractualistes, est la résultante d'un constat supposé, dans l'état de nature, d'un fait autrement important : c'est que le droit naturel souffrirait d'un déficit de perfection et d'achevement. Pour y remédier, il est bon, pensent-ils, de lui associer un « complément[55] ». En d'autres termes, pour parachever et parfaire la nature, ainsi que le droit qui s'y incarne, il est nécessaire qu'un « artifice[56] » ayant valeur d'adjuvant lui soit ajouté. L'artifice dont il est question, c'est bien sûr la société politique et l'autorité qui s'ensuit, en termes de respect et de soumission aux règles juridiques positives par elle édictées. Or une telle société ne peut prendre corps que si et seulement si les individus décident d'un accord, puisque, à l'état de nature, ils sont libres et indépendants ; pour cela, ils s'au-gouvernent. « Ce n'est que si ceux-ci considèrent, usant de leur raison, que la société politique garantira mieux que ne le faisait l'état de nature leurs droits fondamentaux, qu'ils l'instaureront et

---

[55] Sur cette question, René Derathe, *Jean-Jacques Rousseau et la science politique de son temps*, Paris, Vrin, 1970, p.128. Même s'il est vrai que ce fait est diversement apprécié par les contractualistes.

[56] Cf. Serges Goyard-Fabre, *Le droit et la loi dans la philosophie de Thomas Hobbes*, Paris, Klincksieck, 1975, p.82 et 102.

s'obligeront à l'égard de l'autorité « artificielle » ainsi créée. Mais, bien entendu, cette obligation n'est pas absolue : le pouvoir n'est institué que dans un but déterminé, à savoir en vue de la meilleure garantie possible des droits naturels[57] ». Le contrat entre les individus et l'autorité politique est donc bilatéral, ou « synallagmatique parfait », pour pasticher la terminologie usitée par les juristes romains. Mais comment se déploie cette bilatéralité ou cette synallagmaticité ?

John Locke[58] considère comme droits naturels le droit à la vie, à la santé, à la liberté et à la propriété. La « lumière naturelle » qu'est la raison les reconnaît avec évidence, ainsi que nous l'avons vu tantôt avec Léonard Dumont. Mais ces droits sont garantis de manière insuffisante et insatisfaisante à l'état de nature, puisqu'ils y ont simplement un statut moral. Ils constituent seulement en effet un « impératif moral », en ce sens que le droit positif consécutif à l'instauration de la société politique n'existe pas encore, et cela par hypothèse, bien entendu. Mais Locke pense que la faiblesse humaine « *human frailty*[59] » liée à l'instinctivité qui gouverne le comportement humain dans l'état de nature constitue une énorme pesanteur au respect de la normativité juridique naturelle, laquelle ne souffre pourtant d'aucune ambiguïté pour tout être doué de raison et soucieux régenter sa vie suivant ses canons. Dès lors, chaque individu éprouve le sentiment d'insécurité et trouve salvatrice l'institution d'une autorité arbitrale et impartiale, chargée de réguler les rapports interindividuels, de garantir la propriété et l'intérêt général. Voilà pourquoi chacun acceptera volontiers « d'aliéner une partie de la liberté absolue dont il bénéficie dans l'état de nature : il ne s'auto-gouvernera et ne s'auto-jugera plus totalement, et transférera une partie de ses pouvoirs à

---

[57] Guy Haarscher, *op.cit.*, p.16.
[58] John Locke, *Traité de gouvernement civil*, trad. Goyard-Fabre, Paris, Garnier-Flammarion, 1984.
[59] *Ibid.*, p.90.

l'autorité étatique ; de cette manière, il sera assuré que ses droits lui seront reconnus, et que leur garantie ne dépendra pas de l'aléa des rapports de force, bref de l'imprévisibilité propre à l'état de nature[60] ».

Il en ressort que le sentiment d'insécurité consécutif à la fluctuation des rapports de force qui prévaut dans l'état de nature, incline les individus à renoncer à la liberté absolue qu'ils ont sur chaque, et à la céder au juge impartial garant du respect des droits de tous et de chacun. La fragilité humaine rend ainsi nécessaire l'instauration d'une « prothèse », d'un artifice juridique dont la vocation est de redresser ce qui, naturellement, est « courbé », pour reprendre la terminologie kantienne. Mais la mutation de l'état de nature à l'état politique annule-t-elle comme par enchantement ce que Locke appelle l' *human frailty* ? Il faut en douter ! Et nous sommes là en présence de l'un des écueils de la pensée libérale : l'incarnation de l'État par des hommes « faillibles », c'est-à-dire des hommes qui n'implémentent pas toujours les principes rationnels dans leur conduite, et qui, parfois, sont esclaves des injonctions du corps, lequel est, nous le savons depuis Platon, un tombeau pour l'âme, puisqu'il empêche celle-ci de flirter avec la félicité, voire l'extase que procure de la contemplation intelligible, c'est-à-dire la jouissance paroxysmique que procure la lumière qui jaillit des Vérités et des essences du monde intelligible, gage du salut de l'homme. Il n'y a donc pas lieu de faire une confiance aveugle aux gouvernants, ceux-ci pouvant être rattrapés à tout moment par l' *human frailty*, c'est-à-dire les petitesses de l'humaine condition qui prévalent dans l'état de nature, et qui ne sont pas totalement absents dans la société politique. Aussi est-il nécessaire que l'instauration de l'autorité soit fondée sur un contrat aux clauses bien définies, notamment la bilatéralité ou la synallagmaticité de la convention, qui induit

---

60 Guy Haarscher, *op.cit.*, p.17.

pour les deux parties, des droits et des obligations dont l'observance doit être rigoureusement corrélatifs et complémentaires.

De plus, les individus, qui acquièrent désormais le statut de « gouvernés », sont astreints à l'obligation du respect de l'autorité politique ; mais, dans le même temps, ils acquièrent aussi *ipso facto* le droit à la protection de leur vie, de leur liberté et de leur propriété, en cohérence avec la triade lockéenne. C'est dire que le pouvoir nouvellement institué n'agit et ne se déploie que dans le cadre strict de la plateforme conventionnelle, dans l'optique de mieux garantir les droits naturels, sans plus. En retour, il acquiert le droit d'être obéi, mais à condition qu'il respecte les limites ainsi balisées.

Les droits et obligations « croisés » ou réciproques des gouvernants et des gouvernés constituent donc la spécificité et l'originalité irréductibles de la philosophie contractualiste du pouvoir, laquelle a pour pierre angulaire le droit naturel, expression de la raison.

I.4. Le rationalisme

Nous sommes parvenu ainsi à l'ultime trait saillant de la philosophie contractualiste moderne. Mais bien avant, il nous a été donné de constater qu'avec Locke, les droits naturels étaient reconnus en toute « évidence » par tout individu à même de faire usage de sa raison. Autrement dit, le distinguo net et implacable que l'on peut établir entre le droit naturel et le droit positif, est inhérent au fait que ce dernier est l'émanation de la volonté, qui peut être soit celle du pouvoir politique, soit celle de la majorité démocratique, tandis que le premier est l'expression de la raison. Compte tenu de ce que cette faculté est le propre de chaque être humain, ainsi que le pense René Descartes[61], le droit naturel est *ipso facto* considéré comme une donnée universelle. Dans le *Discours de la méthode* en effet, Descartes affirme sans ambages que le bon sens ou la raison est la chose du monde la mieux partagée, c'est-à-dire que c'est la raison qui détermine la synchronie ou l'unité de l'espèce humaine. Elle est donc de ce fait un attribut essentiel de l'humanité. Et c'est cette faculté qui établit la règle de « l'évidence » de la méthode cartésienne, dont la finalité est de « bien conduire la raison et chercher la vérité dans les sciences ». La notion d'évidence dérive du mot latin *vedere*, qui signifie voir, mais non avec les yeux du corps, mais plutôt avec ceux de la raison, cette faculté qui nous permet distinguer le vrai d'avec le faux, le mal d'avec le bien, le juste d'avec l'injuste, etc., et de marcher ainsi d'un pas assuré dans la vie. L'évidence cartésienne est donc ce qui est clair et distinct aux yeux de la raison.

Fort de cet argumentaire rationaliste, John Locke a pu établir le droit naturel comme une « évidence », c'est-à-dire une idée claire et distincte, parce qu'elle est susceptible d'être saisie comme tel par tout individu doué de raison. Ainsi, « alors que les règles positives dépendraient d'une culture, de choix particuliers, les règles de droit naturel découleraient de la nature humaine [...] les droits naturels de l'homme valent pour tout individu [...] et ils s'imposent comme une « vérité » aux « lumières de notre raison » (la « lumière naturelle »)[62]». Il s'ensuit que le droit positif est un acquis culturel, il émerge dans un environnement socio-culturel donné, et traduit la vision que celui-ci a des rapports entre le pouvoir politique et les citoyens, d'une part, et des rapports interindividuels, d'autre part. Mieux, le droit positif est symptomatique du sort qu'une communauté politique réserve

[61] René Descartes, *Discours de la méthode*, Paris, Vrin, 1925.
[62] Guy Haarscher, *op.cit.*, p.20.

à l'être humain en termes de libertés et d'opportunités d'épanouissement. En revanche, le droit naturel est un ensemble de prérogatives dont tout être humain bénéficie du seul fait qu'il est humain, c'est-à-dire un être rationnel, et donc capable de jouir des lumières de la raison. Il est par conséquent un patrimoine de l'humanité.

Le rationalisme cartésien appliqué à la philosophie contractualiste moderne a le mérite de mettre en scène, voire en relief les couples d'opposés, à savoir la raison et la volonté, la nature et le posé, l'universel et le particulier, l'individuel et le collectif. Mais à regarder de près, les deux derniers couples d'opposés peuvent sembler paradoxaux, parce qu'il est difficile de comprendre comment il est possible de mettre dans un même panier la raison, la nature, l'universel et l'individuel, et dans l'autre la volonté, le posé, le particulier et le collectif. Pourquoi concilier, voire réconcilier universel et individuel, particulier et collectif ? Une telle conciliation et réconciliation est parfaitement envisageable dans la mesure où « les droits de l'homme sont sensés valoir [...] pour tout individu quel qu'il soit, sous quelle latitude qu'il soit né, à quelque culture qu'il appartienne, quelle que soit son ethnie, son système de croyance, etc. Bref, les droits de l'homme s' 'adressent', si l'on peut dire, à l'individu par delà ses enracinements particuliers, autrement dit, par delà les règles positives de la collectivité particulière à laquelle il se trouve appartenir : autre façon de dire que le droit naturel prévaut sur le droit positif[63] ». Cette posture prééminente et prédominante de la raison, de l'individu et de l'universalité sur la volonté, la collectivité particulière, laquelle édicte des normes positives, est d'une importance singulière dans la problématique des droits de l'homme, du moins telle qu'elle est envisagée de nos jours par le droit international. Elle induit en effet la

---

[63] *Ibid.*, p.21.

disqualification du principe de non-intervention dans les affaires d'un État, faisant ainsi allusion à sa souveraineté. C'est dire que le droit naturel revêt une dimension transculturelle, transnationale et cosmopolite, qui engloutit et relègue au second plan toute autorité positive, c'est-à-dire tous les instruments juridiques positifs propres à une communauté politique. De plus, il revêt une connotation humaniste, en ce sens que les droits sont ceux de tout homme, quelle que soit sa condition existentielle.

En définitive, le tableau de traits saillants que nous venons de peintre constitue un paradigme idéal dont la téléologie est de présenter les articulations majeures servant de cadre et d'assise théorique à la revendication des droits de l'homme. D'aucuns le trouveront quelque peu « naïf », ses ambitions pourront se révéler démesurées, les problèmes soulevés autrement complexes, en ce sens que la réalité de la pratique politique, même dans des régimes démocratiques, ne prend pas toujours en compte la procédure contractuelle dont les différents mécanismes opérationnels viennent d'être déclinés. Toutefois, l'on devrait se garder tout de même de jeter le bébé avec l'eau du bain. L'une des causes de l'affaiblissement des droits de l'homme au cours des XIXe et XXe siècles est effectivement la promotion de l'argument de la prétendue naïveté et du simplisme du modèle contractuel par ses détracteurs qui en ont fait pratiquement leur fond de commerce théorique. Bien plus, de l'affirmation du caractère simpliste du modèle contractualiste, ils ont débouché sur son inanité, voire sa dangerosité, perdant *ipso facto* de vue l'exigence supérieure qu'il ambitionnait de rencontrer, à savoir trouver une source unique et rationnelle au droit positif pour garantir la paix et la sécurité, ainsi que la promotion de l'humain dans la communauté politique. C'est dans cette logique qu'il faut situer les enjeux des trois générations classiques des droits de l'homme.

II. Les trois générations classiques des droits de l'homme et leur sous-bassement rationnel

Les droits de l'homme connaissent leur émergence au XVIIIe siècle, et se sont donnés pour mission dès cette époque de combattre l'absolutisme ou l'arbitraire du pouvoir monarchique, en parfaite cohérence avec la philosophie des Lumières. Un pouvoir arbitraire est celui dont la prévisibilité décisionnelle est nulle, simplement parce que les décisions sont inextricablement rattachées à la volonté du Prince, lui-même étant déterminé au gré des opportunités politiques ou des fluctuations de ses humeurs. Il s'ensuit que la caractéristique majeure de l'arbitraire du point de vue du « gouverné » ou du justiciable, c'est l'insécurité permanente. C'est pour pallier cette insécurité juridique que la première génération des droits de l'homme va voir le jour.

II.1. La première génération des droits de l'homme

La naissance des droits de l'homme, comme on le sait, coïncide avec la naissance et le développement des bourgeoisies européennes, de même qu'avec la bataille acharnée de celles-ci contre les structures, les institutions et les mentalités entretenues par l'« Ancien Régime », c'est-à-dire la monarchie, qui plombait et hypothéquait leur développement. Il est donc tout à fait logique de constater que les grandes Déclarations de droits de la fin du XVIIIe portent l'estampille de cet environnement idéologique, et charrie l'esprit de celui-ci, à savoir la volonté de libération et d'émancipation vis-à-vis de tutelle monarchique particulièrement aliénante et déshumanisante, voire déshominisante. Et c'est ici que surgit le fameux débat philosophique dont la trame se résume à ceci : si la formulation des droits de l'homme prend corps dans un contexte où émerge le capitalisme, est-il de bon ton de les assimiler à un instrument aux mains des classes bourgeoises et destiné à asseoir et à raffermir leur pouvoir ? Les droits de l'homme sont-ils un outil idéologique de légitimation du capitalisme ? Ce questionnement met en scène la critique marxiste des droits de l'homme, parce que sa formulation épouse les contours et les enjeux de cette dernière, mais sans pour autant toujours y répondre de façon caricaturale malgré l'antipathie idéologique. Les marxistes soutiennent par exemple que « les droits de l'homme, constituant l'expression idéologique de la classe bourgeoise et de ses intérêts, bref une justification de l'exploitation du prolétariat, devraient être radicalement dénoncés : il faudrait montrer que leur relation à l'émancipation ne constitue qu'une illusion soigneusement entretenue par ceux qui ont intérêt à maintenir le *statu quo*, et que, bien au contraire, les droits de l'homme confirment, consolident la domination d'une classe ou d'un « système » - « capitaliste », « impérialiste » - en le masquant derrière une façade honorabilisatrice [64]».

Ainsi donc, aux yeux des marxistes, la bourgeoisie se drape des oripeaux des droits de l'homme pour masquer, voire légitimer la posture impérialiste et dominatrice dont elle est assortie vis-à-vis de la classe prolétarienne. Voilà pourquoi ils affichent mépris et dédain à l'égard des prétendues vertus libératrices, émancipatrices et humanisantes assignées aux droits de l'homme.

Sans rien enlever à la pertinence de ce débat qui relève somme toute de la philosophie même des droits de l'homme, du moins telle qu'elle est appréhendée par ce courant de pensée qu'est le marxisme, il convient tout de même de faire remarquer qu'il ne rentre pas forcément dans l'esprit de notre propos. En revanche, ce qui nous semble parfaitement en phase avec la logique de notre réflexion, c'est de souligner que ce que l'on a baptisé rétrospectivement la « première génération » des droits de l'homme commande que ceux-ci

---

[64] *Ibid.*, p.35.

soient perçus comme un système de valeurs foncièrement individualiste.

Qu'est-ce à dire ? Simplement que les droits de l'homme de la première génération relèvent de l'individualisme. Le contractualisme suppose toujours en effet, nous l'avons vu plus haut, la subordination des intérêts du « Tout » ou de la collectivité ou encore de la société, incarnés par l'État, aux droits fondamentaux de l'individu. En d'autres termes, l'originalité de l'approche de la légitimation du pouvoir précédemment décrite réside en ceci qu'elle subordonne les intérêts du pouvoir à des droits individuels inviolables et infrangibles. Il s'ensuit que l'individualisme, c'est-à-dire la subordination du pouvoir à l'exigence de défense des droits de l'individu, paraît inséparable de la définition même, rigoureusement parlant, des droits de l'homme. La légitimité du pouvoir rime donc forcément avec l'individualisme, c'est-à-dire l'exigence du respect des droits de l'individu.

Mais il convient de le souligner, il y a individualisme et individualisme. Dans cette optique, il est tout à fait loisible de préciser que la première génération des droits de l'homme, par-delà l'aspect individualiste général qu'elle charrie nécessairement, fait la part belle à la protection des intérêts de la classe bourgeoise. On comprend dès lors pourquoi les marxistes ont toujours considéré cette catégorie des droits de l'homme comme un instrument au service de la promotion et de la légitimation du capitalisme. En somme, la première génération des droits de l'homme porte à la fois l'estampille d'un individualisme commun, ou en tout cas qui devrait l'être, lequel constitue d'ailleurs la caractéristique générique propre à toute théorie des droits de l'homme, et celle d'un individualisme spécifique, qui est calqué sur les enjeux socio-économique d'une époque particulière de l'histoire de l'Europe.

L'individualisme général comporte deux éléments à son actif : l'élément formel de la sureté ou de la sécurité que nous avons évoqué précédemment, et un élément substantiel ou de contenu, c'est-à-dire une certaine posture herméneutique des valeurs que les droits de l'homme doivent aider à promouvoir. Voici du reste la panoplie des droits de l'homme dont l'individualisme général est assorti : liberté d'aller et venir, respect de la personnalité (respect du domicile, secret de la correspondance), liberté de conscience et d'expression, pour l'essentiel.[65]Ces libertés sont considérées comme fondamentales pour toute approche des droits de l'homme, simplement parce qu'elles ont un caractère quasi consubstantiel à l'homme ; il est difficile de concevoir une vie véritablement humaine en dehors d'elles. Voilà pourquoi elles furent proclamées dans les toutes premières Déclarations de droits.

S'agissant de l'individualisme spécifique ou « de classe » que charrie la première génération des droits de l'homme, il est question d'un certain type de droits qui défendent les intérêts de la bourgeoisie. « Il en va ainsi de l'accent mis sur le droit de propriété, évidemment destiné à conforter le pouvoir de ceux qui ont 'du bien'[66] ». Mais est-il juste de penser que le droit de propriété soit exclusivement du ressort de l'individualisme spécifique ou « de classe » ? Seuls les bourgeois ou les riches doivent-ils bénéficier du droit de propriété ? Le commun des mortels ne doit-il pas jouir de sa propriété au motif qu'elle est modeste ? Le débat reste ouvert sur cette question. L'existence de celui-ci est en tout cas symptomatique de la difficulté qu'il y a à exclure le droit de propriété de l'individualisme général ou des libertés fondamentales[67]. Dans le même ordre d'idées, l'on

---

[65] Cette classification est de C.-A. Colliard, *op.cit.*, p. 199-681.

[66] Guy Haarscher, *op.cit.*, p.37.

[6767] Collard place le droit de propriété parmi les libertés publiques, ainsi que la « liberté du commerce et de l'industrie ». De très nombreuses

soupçonne également l'influence des intérêts bourgeois dans les restrictions imposées aux droits dits « politiques », notamment les « droits du citoyen ». Cet ostracisme juridico-politique s'est traduit par l'adoption de systèmes de suffrages censitaires ou capacitaires, ou encore la distinction entre citoyens « passifs » et citoyens « actifs », sans oublier l'hypothèque sur la liberté d'association, stratagème mis au point dans l'optique de contrecarrer les coalitions ouvrières.

Toutefois, les droits de l'homme de la première génération ont une marque distinctive qui fait d'eux un tout cohérent : « ce sont des libertés revendiquées 'contre' ou 'par rapport à' l'État ; en effet, comme il s'agit de préserver pour un individu un espace de liberté maintenant spécifié, on peut dire qu'en un sens essentiel [...], il est demandé à l'État de limiter sa puissance, de 's'arrêter' en quelque sorte au seuil de ce cercle réservé à l'autonomie de l'individu[68] ». Ainsi, malgré leurs dispersion et divergence apparentes, les droits de l'homme de la première génération poursuivent un seul et même but, à savoir relativiser le pouvoir et la puissance étatiques, à l'effet d'octroyer au citoyen une marge d'autonomie et de liberté nécessaire pour son accomplissement. Ils traduisent pour cela une certaine émancipation vis-à-vis de la tutelle étatique dont l'oppression consécutive à l'interventionnisme inconsidéré est aliénante pour les citoyens en quête de réalisation légitime de soi. Même si, paradoxalement, c'est à l'État qu'on demande au

---

discussions ont eu lieu relativement au statut philosophique du droit de propriété dans la théorie des libertés fondamentales. Il va de soi qu'au XVIIIe siècle français et américain, mis à à part les théoriciens « communistes », Morelly et Mably par exemple, et également dans l'Angleterre du XVIIe siècle, mis à part les *Levellers* et autres groupes marginaux, le droit de propriété joue un rôle fondamental dans la définition même des droits de l'homme. Le philosophe canadien Mac Pherson a fortement insisté sur l'aspect ''bourgeois'' de ce droit dans les pensées de la « première génération ».

[68] Guy Haarscher, *op.cit.* p.38.

travers du pouvoir judiciaire de garantir ces mêmes droits. Mais tout compte fait, dans une approche plus globalisante, les libertés, leitmotiv des droits de l'homme de la première génération, constituent des demandes de non-intervention de l'État. Il en va autrement concernant les droits de l'homme de la « seconde génération ». Au lieu de réclamer une non-intervention de l'État, ici on requiert plutôt son intervention ; à la place d'une abstention, c'est une prestation qu'on exige.

II.2. Les droits de l'homme de la seconde génération

Ils sont généralement appelés droits économiques, sociaux et culturels, à l'instar du droit à la santé, à l'éducation, au travail, à la sécurité sociale, à un niveau de vie décent, etc. Le constat qui se dégage de ces droits est que si on veut leur conférer le statut de droits de l'homme, c'est-à-dire si on veut les ériger en droits fondamentaux au même titre que les droits de l'homme de la première génération, il sera impératif d'exiger de l'État des prestations considérables en termes d'infrastructures, de ressources humaines, de régulation de la vie économique et de sécurité sociale : construction d'hôpitaux de référence, médecine gratuite ou du moins accessible aux plus démunis, écoles en nombre suffisant et enseignants bien rémunérés par la collectivité, engagement de l'État dans la vie économique, dépenses sociales.

On le voit, nous assistons là à un changement radical de cap, en passant de la notion d'État minimum, réduit à des tâches accessoires de protection des libertés, à celle d'État-providence, l'État pourvoyeur de tous et de chacun. Car l'on assiste à une mainmise plus prégnante de l'État sur divers processus et mécanismes fonctionnels de la société que dans le contexte de la première génération des droits de l'homme[69]. La conséquence directe de cette situation, l'on

[69] Cf., sur cette question, P. Rosanvallon, *La crise de l'État-Providence*, Paris, Le Seuil, 1981, et F. Ewald, *L'État-Providence*, Paris, Grasset, 1986.

s'en doute bien, c'est l'accroissement des prérogatives de l'État, lequel est proportionnel à l'importance de la demande de prestations formulée par les populations ou les citoyens. Ainsi, « les freedoms to sont, contrairement aux freedoms from, des droits à ('to') une prestation accomplie par les organes de l'État[70] ».

Il convient de souligner que cette deuxième génération des droits de l'homme n'est pas une génération spontanée, loin s'en faut, elle est la résultante de moult combats et évolutions, qui traduit une philosophie qui est relativement différente de celle préconisée par les rédacteurs des Constitutions et Déclarations révolutionnaires. Cette philosophie a été qualifiée de « socialisante », parce qu'elle prend en charge une problématique toute nouvelle à la fin du XVIIIe, notamment la misère du prolétariat ouvrier en particulier, et celle des classes et couches dominées en général. Il était question pour les théoriciens de la deuxième génération en effet de régler le problème de ceux des citoyens qui n'avaient même pas le minimum vital et étaient obligés, pour survivre, de vendre pour ainsi dire leur force de travail dans des conditions exécrables, notamment « les femmes et les enfants qui se voyaient contraints de travailler des journées entières pour des salaires de misère, les libertés de 89 apparaissaient inévitablement comme des libertés ''bourgeoises'', à savoir des droits qui, dans leur situation, ne signifiaient rien, ne possédaient aucune réalité. Qu'il s'agisse en effet de la liberté de presse, de la liberté d'aller et venir, des droits politiques (dont ils étaient explicitement exclus), voire de la sûreté (la justice était souvent extrêmement chère, ainsi que les avocats) -, dans tous les cas de tels droits pouvaient être considérés comme des proclamations sans contenu réel, bref comme des alibis idéologiques voilant

---

[70] Guy Haarscher, *op.cit.*, p.39.

l'effectivité d'une exploitation quotidienne[71] ». Il s'ensuit d'une part que les libertés proclamées par les droits de l'homme de la seconde génération sont des libertés de luxe, puisque exclusives et étrangères au prolétariat dont les préoccupations sont absolument basiques, lesquelles se réduisent à la lutte pour la survie quotidienne. D'autre part, il en ressort de toute évidence que ces droits de l'homme de la deuxième génération sont à la fois au service de la consolidation du prestige social des bourgeois et des clinquants destinés à masquer l'exploitation de l'homme par l'homme orchestrée par la bourgeoisie, dont l'amorce est perceptible au XVIIIè siècle, avant d'être portée à son paroxysme au XIXè siècle du fait de la révolution industrielle.

Mais un problème subsiste et de nombreux auteurs en ont fait état : en modifiant le statut de l'état dans l'optique de garantir les droits économiques et sociaux des citoyens, ne risque-t-on pas finalement d'affaiblir la protection des droits de la première génération dont le leitmotiv est précisément de relativiser le pouvoir étatique au profit d'un espace de liberté individuelle plus substantiel, plus confortable et donc plus épanouissant ? Mieux, souligne Guy Haarscher, « comment exiger la non-intervention, dans le domaine de l'espace privé, d'une instance politique à laquelle on demande par ailleurs d'être de plus en plus omniprésente dans la société ? Comment exiger de l'État qu'il fasse ''moins'' (premières libertés), tout en requérant de lui qu'il intervienne ''plus'' ? N'y a-t-il pas là, sinon une contradiction, du moins une tension inéluctable ?[72] ».

Cette impasse juridique à laquelle on aboutit à la faveur de ce conflit de générations des libertés est symptomatique de ce que l'accomplissement des citoyens dans une communauté politique est inversement proportionnelle aussi bien à la

[71] *Ibid.*, p.39-40.
[72] *Ibid.*, p.40.

subsidiarisation de l'État prônée par les rédacteurs de la première génération des droits de l'homme, qu'à la trop grande étatisation de la vie publique préconisée dans la seconde génération des droits de l'homme, laquelle induit l'assistanat des individus. La « vie bonne » ou le « bonheur » des citoyens dans une société est inextricablement lié à un savant dosage des prérogatives dévolues à l'État et celles qui ressortissent de l'espace privé individuel. L'avènement de la troisième génération classique des droits de l'homme n'est pas pour arranger les choses du fait de la vacuité sémantique et de la « phraséologie creuse » dont ils sont assortis.

II.3. Les droits de l'homme de la troisième génération et leur vacuité sémantique

Ce qui caractérise les droits de l'homme de la troisième génération, c'est leur phraséologie vague. Aussi parle-t-on de droit à la paix, à un environnement protégé, à un développement harmonieux des cultures, la liste peut être rallongée à loisir. Certains juristes pensent que l'introduction de ces droits relativement nouveaux présente un risque certain : celui d'affaiblir considérablement l'exigence des droits de l'homme, première et seconde générations confondues cette fois. La conditionnalité à satisfaire afin que les droits de l'homme possèdent un contenu sémantique précis en effet, c'est-à-dire « pour que la défense des libertés soit effective et ne sombre pas dans la phraséologie creuse, refuge confortable de tous les despotismes avides de proclamer ce qu'ils se garderont bien de pratiquer, en ne s'engageant d'ailleurs pas à grand-chose étant donné le vague des formulations », c'est d'identifier « un titulaire qui puisse s'en prévaloir, un objet qui donne un contenu au droit, une opposabilité qui permette au titulaire de faire valoir son droit à l'égard d'une instance, et une sanction organisée[73] ».

---

[73] *Ibid.*, p.42.

Dans le contexte des droits de l'homme de la troisième génération, il est assez difficile d'identifier le titulaire de ces droits : est-ce l'individu ? Les peuples ? L'humanité ? Quel protagoniste pourrait précisément s'en prévaloir ? Existe-t-il quelque chose de plus vague que la protection de l'environnement ou le respect des cultures, voire la paix ? Proclamer, par exemple, le droit à un environnement pacifique, implique-t-il un pacifisme radical ? Un neutralisme ? Un droit à la guerre limité à la défense ? Dans quelles conditions strictes ? L'environnement doit-il être préservé de toute pollution liée à l'industrialisation ? Dans ce cas, comment alors rendre compatible une telle exigence avec le droit au développement, lui aussi cité dans la catégorie des récents droits de l'homme ? Outre cela, à l'égard de qui ces droits peuvent-ils être invoqués ? Des États ? Des entreprises privées ? Des instances internationales ? Enfin, en ce qui concerne la sanction, quelle est la machine judiciaire, quelle est la force publique, qui donneront à de tels droits leur effectivité ?

Mais soyons clair, il n'est pas dans notre intention de disqualifier l'importance de telles revendications, de tels idéaux, qui constituent, du moins pour certains, de sérieux et respectables enjeux pour de multiples combats contemporains. Toutefois, l'on ne saurait se soustraire à cette question : établir un rapport d'identité entre ces vagues exigences qui ne répondent pas aux critères sus-évoqués et les droits de l'homme, cela ne laisse-t-il pas supposer que tous les droits de l'homme ne sont en réalité que des idéaux moraux ? Il est vrai que les idéaux moraux constituent le fondement des règles juridiques, nous y reviendront amplement d'ailleurs dans la dernière partie de cette réflexion, dans la mesure où il existe une certaine continuité entre la règle juridique et la règle morale. Cependant, il n'est pas pertinent de réduire le droit à la morale. Car le domaine de la morale est plus vaste que celui du droit. La morale s'adresse à la conscience et est, en définitive, plus exigeante que le droit ; elle charrie un impératif catégorique, c'est-à-dire inconditionnel, alors que le droit présente un aspect factuel très prononcé, pour cela, il comporte un impératif conditionné, lequel transparaît dans les quatre critères énoncés plus haut par Guy Haarscher.

Le risque que charrie le confusionnisme qu'entretient la vacuité sémantique des droits de l'homme de la troisième génération, c'est leur instrumentalisation par les despotes. Car, ainsi que le souligne pertinemment Guy Haarscher, « en matière de libertés fondamentales, la confusion sert toujours les despotes : plus les revendications sont vagues, plus les limites que l'on vise à leur imposer apparaissent floues, plus également ils auront les coudées franches, et moins ils se sentiront engagés par des proclamations aux conséquences si bénignes[74] ».

En tout état de causes, les droits de l'homme des trois générations classiques constituent un ensemble de libertés, d'avantages et de prérogatives revendiqués par les individus composant une communauté politique, dans la perspective téléologique de parvenir à la vie bonne et à l'épanouissement auxquels aspire tout citoyen, laquelle perspective ressortit des devoirs régaliens de tout pouvoir politique. Le trait commun à tous ces instruments juridiques modernes, y compris leurs tout premiers balbutiements décryptés et analysés chez les anciens grecs, c'est qu'ils reposent sur des fondements rationnels, puisque ces derniers constituent des leviers axiologiques et normatifs nécessaires pour l'accomplissement de l'humanité de l'homme. Un idéal noble et humanisant qui semble être tout le contraire de celui qui est assorti à la récente génération des droits de l'homme induite par la révolution biotechnologique et biomédicale, notamment l'ingénierie procréatique montante. Celle-ci fait émerger une

---

[74] *Ibid.*

génération inflationniste des droits de l'homme pour le moins atypique, et qui correspond à ce que nous avons appelé biojuridisme nihiliste ou bâtard. Car elle n'est fondée ni sur la raison ni sur le droit naturel, qui constituent les sources classiques et légitimes du droit conventionnel.

DEUXIEME PARTIE

VERS UN BIOJURIDISME NIHILISTE ?

La révolution biomédicale opérée au début des années soixante-dix à la faveur ce qu'il est convenu d'appeler génie génétique ne cesse de susciter et de mobiliser des fantasmes et des espérances en termes de manipulation et de transformation de l'identité générique de l'homme, dans l'optique de réduire celui-ci à un modèle standardisé, comparable à une machine cybernétique, au nom rêvé d'homme parfait. Les motivations de ces assauts perpétrés contre la nature humaine obéissent à une vision mélioriste qui confère à l'homme un devoir d'émancipation de toutes limites naturelles, de progrès indéfinis qui convergent tous vers l'amélioration de la vie ou de la condition humaine, au point où l'homme envisage aujourd'hui de se recréer lui-même, comme corps et esprit. Ce projet, dont les racines sont plongées dans la mythologie occidentale, notamment Dédale, Prométhée, Pygmalion et autres Golem et Frankenstein, revient actuellement au premier plan des espoirs et idéaux des sociétés contemporaines, en ce sens qu'il est encouragé, relayé, expérimenté par les nouveaux pouvoirs des biotechnologies. Les biologistes, les généticiens, en particulier, en travaillant sur la matière première de la vie, maîtrisent de mieux en mieux la possibilité de fabriquer, de produire le vivant, l'animal et maintenant l'homme, sur mesure, selon ses désirs, ses besoins, ses normes. En étroit lien avec les informaticiens, les spécialistes des sciences cognitives ou des neurosciences, etc., ils programment, pour les temps à venir, la réalisation d'un homme artificiel, qui aurait vaincu toutes les faiblesses et fragilités de la vie, héritées des modes de reproduction naturelle, avec son tableau aussi de douloureuses inégalités devant la vie (handicaps, déficiences, maladies, mort).

Incontestablement, ces nouveaux exploits de l'intelligence humaine, qui parvient à se perfectionner comme espèce vivante, suscite un enthousiasme réel dans la communauté des chercheurs et médecins, et nourrit des espoirs inédits chez nos contemporains, dans l'attente de pouvoir bénéficier des dernières avancées des biomédecines et surtout d'en faire profiter les générations futures. Aussi assiste-t-on depuis quelques années à la naissance et à l'émergence d'une génération des droits de l'homme nihiliste ou bâtarde, parce qu'elle n'est fondée ni sur la raison ni sur le droit naturel, qui sont considérés comme les sources classiques et légitimes du droit codifié ou conventionnel : c'est ce que nous appelons biojuridisme nihiliste. Il s'agit en effet d'une mutation des désirs et des intérêts individuels des consommateurs et des producteurs des prouesses biotechnologiques et biomédicales en droits. Or les désirs et les intérêts, parce que fugaces, évanescents, fongibles et contextuels, sont difficilement assimilables à des droits, ceux-ci revêtant une dimension morale de première importance. Les droits, quoique rarement absolus, sont moins flexibles parce qu'il est difficile de leur assigner une valeur économique.

Cette deuxième partie de notre réflexion comportera donc deux grandes articulations : d'une part, nous nous attèlerons à établir analytiquement la biomédecine comme levier des fantasmes et des espérances chez les contemporains, et d'autre part, nous essayerons de décrypter les enjeux de l'inflation contemporaine des droits de l'homme pour le moins atypiques.

CHAPITRE TROISIEME

LA BIOMEDECINE COMME LEVIER DES FANTASMES ET DES ESPERANCES

Le phénomène biologique de régénération a depuis les temps immémoriaux fasciné l'humanité, à telle enseigne qu'il a constitué une source d'inspiration de bon nombre de mythes. La causalité de cet attrait est liée au fait qu'il charrie l'espoir narcissique d'immortalité, ou à tout le moins du rajeunissement. L'oiseau mythologique du Phénix traduit cette quête inaccessible où la vie fait bon ménage avec la mort, lequel oiseau occupait une place de choix dans l'Antiquité classique, et auquel on attribuait des records de longévité qui avoisinaient les cinq cents années. L'homme peut-il se muer en Phénix ? La Nature, si généreuse soit-elle, pourra-t-elle l'aider au travers de la dynamique biomédicale à déceler en lui les secrets de divers mécanismes de « réparation » et de reconstruction ? Un animal concret celui-là, bien loin de celui mythologique dénommé Phénix, semble incarner le plus ce dessein : la salamandre. Cette dernière est dotée de fabuleuses capacités reconstructrices. Elle est capable en effet de régénérer les membres (pattes, queue), voire des portions d'organe (œil, cœur). Le batracien nourrit même à son tour la légende de « bêtes immortelles ».

L'être humain aura-t-il les moyens un jour percer le secret de la salamandre ? La complexité anatomique et physiologique de son soma pourra-t-elle s'ouvrir naturellement à la régénérescence ? En tout cas, bien des spécialistes de la régénération, à l'instar de David Garnier, chercheur au Département de biologie cellulaire et du développement de l'Université de Californie, à Irvine aux

États-Unis et Mark Keating, médecin, Professeur de biologie cellulaire à la prestigieuse école de médecine d'Harvard, caressent volontiers cet espoir et invitent par la même occasion les populations consommatrices des prouesses de la médecine régénératrice au rêve. Mais en dehors de quelques tissus ou organes, certes fort précieux, pourrons-nous vivre éternellement ? Ne plus mourir, offrir une cure de jouvence perpétuelle à nos cellules ? A défaut, pourrons-nous renaître grâce aux promesses du clonage reproductif ? Si ce projet de duplication de l'humain venait à se réaliser, le clonage reproductif apparaîtra alors comme un succédané de la jouvence éternelle et donc de l'immortalité tant recherchée par la médecine régénératrice. Mais, ici aussi, l'on n'est pas loin de déchanter du fait du taux d'échecs on ne peut plus élevé, en dépit de l'amélioration des techniques. D'ailleurs, la brebis Dolly est morte, emportant avec elle quelques secrets, et bien des questions : a-t-elle vieilli prématurément ? Cette technique procréatique charrie-t-elle un espoir d'immortalité ou un désespoir d'une sénescence précoce ?

I. La médecine régénératrice ou la quête d'un Eden perdu

Derrière la théorie lamarckienne et darwinienne, qui rend compte de l'évolution des espèces, est blottie le mythe de la régénération.

I.1. Évolutionnisme et régénération

La théorie évolutionniste décrite par le naturaliste britannique Darwin voici un peu plus d'un siècle et demi, même si elle ne fait pas l'unanimité, loin s'en faut d'ailleurs, a le mérite de nous présenter le long et fascinant voyage de la vie, depuis les toutes premières cellules vivantes, c'est-à-dire les métazoaires jusqu'à la complexité ultime de la structuration cellulaire humaine. Elle a surtout le mérite de nous édifier sur chaque étape de la pérégrination de la vie, en nous permettant d'acquérir « les fondements nécessaires à l'appréhension de l'extraordinaire faculté permettant à un grand nombre d'espèces vivantes de se régénérer, en tout ou partie[75] ». Cette faculté de régénération des espèces vivantes suit une courbe descendante partant des métazoaires jusqu'aux cellules structurées de l'homme. C'est dire que la capacité de régénération des cellules humaines est minimale, un minimalisme qui frise le néant comparée à celle d'un métazoaire, qui est quasi optimale, voire paroxysmique. « Il semble qu'au gré de l'évolution, soulignent Axel Kahn et Fabrice Papillon, la faculté de régénération se soit peu à peu atténuée, au fil de la complexification des espèces [...]. En règle générale, les organismes les plus simples font preuve d'une exceptionnelle aptitude à la régénération[76] ».

Dans cette optique, l'hydre, un métazoaire à l'évolution originale, caracole au sommet du palmarès des métazoaires les plus aptes à se régénérer. Il s'agit d'un animal d'eau douce, appartenant à l'embranchement des cnidaires. Il est véritablement ancien, puisque son apparition remonte à 680 millions d'années, laquelle coïncide avec l'époque même de l'avènement des métazoaires. Mais une question préoccupe les biologistes au plus haut point : qu'est-ce qui justifie l'étiolement de l'éblouissante faculté de régénération de tant de métazoaires et encore de certains vertébrés au fil de l'évolution ?

La vraie question, eu égard au principe de sélection naturelle, est de savoir si l'évolution a activement rejeté la régénération qui aurait pu s'opposer à la sélection d'un processus plus avantageux ; ou bien si les espèces de plus en plus complexes ont fini par se départir de cette faculté tout simplement parce qu'elle n'était plus vraiment indispensable

---

[75] Axel Kahn et Fabrice Papillon, *Le secret de la salamandre*, Paris, Nil éditions, 2005, p.57.
[76] *Ibid.*, p.60-61.

au succès dans la lutte pour la vie. Pour Stéphane Roy, Professeur au Département de Stomatologie de l'Université de Montréal, la cicatrisation a volontairement remplacé la régénération : « Si l'on coupe la patte d'un axolotl, il va pouvoir continuer de nager et de se nourrir normalement pendant toute la période de régénération, qui peut prendre plus d'un mois. Mais, chez les animaux terrestres, il n'est pas avantageux de rester avec une plaie ouverte ; la cicatrisation, plus rapide que la régénération, permet d'assurer la survie [77]». Il en ressort que l'évolution aurait disqualifié la régénération chez les animaux complexes au profit de la cicatrisation du fait de son inadaptation aux espèces actuelles.

C'est bien ce paradis perdu de la régénération systématique et optimale dont bénéficient les métazoaires, parmi lesquels l'hydre, que la médecine régénératrice ambitionne fortement aujourd'hui de conquérir avec plus ou moins de bonheur. La perspective téléologique étant d'offrir à l'être humain la possibilité de goutter aux délices de la jouvence éternelle, qui sont l'apanage de ses ancêtres métazoaires du fait, nous l'avons dit, de la complexité de sa structure cellulaire acquise, d'après Darwin, à la faveur du long processus évolutionniste.

I.2. Médecine régénératrice et immortalité

Les réminiscences d'un Eden perdu que nous venons de ressasser ne doivent pas toutefois faire obstruction à une vérité scientifique implacable : « la régénération est la règle, bien plus que l'exception dans le monde vivant[78] ». Il s'ensuit que l'homme, métazoaire structurellement complexifié, conserve malgré tout une certaine faculté de régénération bien qu'elle soit infime. Et c'est bien cette relative faculté de

---

[77] Interview de Stéphane Roy, sur le site Internet de l'Université de Montréal (I-Forum, édition du 21 mai 2002).

[78] *Ibid.*, p. 59.

régénération qui fonde et nourrit les espérances, voire les fantasmes que développent des spécialistes de la médecine régénératrice relativement à une éventuelle immortalité de l'homme. Ainsi, les professionnels de la régénération projettent d'apprivoiser et de s'approprier le secret de la salamandre. Le chercheur Alejandro Sanchez Alvarado, l'un des meilleurs spécialistes actuels de cette faculté chez l'animal, confirme le caractère quasi systématique de la régénération chez des organismes pluricellulaires : « La régénération semble […] un trait archaïque du monde animal qui aurait été conservé chez certains organismes métazoaires et perdu secondairement chez les autres, pour des raisons inconnues. La régénération devrait donc être considérée de façon légitime comme un fait biologique de base des organismes pluricellulaires, ce qu'avait bien noté Thomas Morgan en 1901[79] ». Parlant précisément de Thomas Morgan, ce dernier, bien avant d'établir l'existence des gènes sur la mouche du vinaigre en 1909, s'était penché sur cette épineuse question de la régénération. Il avait en effet publié une monographie au titre fort à propos *Regeneration*, laquelle fait désormais autorité dans les milieux spécialisés, et où il tire cette conclusion aux allures sentencieuses : « le processus de la régénération est l'un des attributs fondamentaux des êtres vivants[80] ». Cette assertion scientifique morganienne a le mérite de montrer à quel point la faculté régénératrice, si méconnue, joue un rôle éminemment crucial dans la vie.

Cette caractéristique est omniprésente chez tous les végétaux. La quasi-totalité des végétaux en effet a la faculté de pouvoir repousser, donc de pouvoir reconstituer perpétuellement de nouvelles tiges, branches, feuilles, etc., à moins que la racine soit complètement arrachée. L'un des

---

[79] A. Sanchez Alvarado, « La régénération tissulaire », *Biofutur*, 213, 48, juillet 2001, p.73.

[80] T. Morgan, *Regeneration*, New York, The Macmillan Company, 1901, p.186.

enseignements qui se dégagent de l'action de bouturage est que pour nombre de végétaux, une tige ou un rameau, qui constituent des parties d'un tout organique, plantés en terre, peuvent régénérer un végétal complet.

C'est cette constante ontologique notée chez les végétaux, à savoir la régénérescence à perpétuité, synonyme d'immortalité, laquelle est en voie de disparition chez l'homme, qui mobilise la classe biomédicale internationale, à l'effet de la réhabiliter. Ce processus de réhabilitation de l'immortalité de l'humain se fait avec l'aide de la génétique de Gregor Mendel, qui a subi une révolution interne avec la découverte du génie génétique.

II. Génétique et médecine régénératrice

La fameuse technique de décryptement du grand livre de la vie qu'est le gène mise au point en 1972 a fait prospérer une mythologie dans laquelle se recrutent les mythes d'un monde dénué de toute pathologie et celui de l'immortalité.

II.1. Génie génétique, mythe d'un monde sans maladie et quête d'immortalité

La conditionnalité pour remonter aux sources de la régénération chez une certaine catégorie d'espèces, tout en espérant pouvoir en dégager des constantes en termes de recettes, c'est de décrypter le gène. La mécanique programmatique que charrient les gènes contrôle en effet les propriétés de l'ensemble du vivant ; et autant le dire, chaque être vivant est soumis d'une façon ou d'une autre au déterminisme génétique. Les propriétés régénératrices ne font pas exception à cette règle : « un ou plusieurs gènes, écrivent Axel Kahn et Fabrice Papillon, et par extension le produit de ces derniers – protéines, enzymes ou hormones – contrôlent la régénération[81] ». Dégager la typologie des gènes et leurs

[81] Axel Kahn et Fabrice Papillon, *op. cit.*, p.77.

caractères est donc quelque chose de primordial, surtout que l'évolution nous enseigne sur la grande propension des gènes au conservatisme, en dépit des modifications observées au fil des millénaires et des espèces.

Il convient de le souligner, en l'espace d'un siècle seulement, le gène a connu une mutation profonde dans sa perception et sa conception : il est passé du statut de concept, c'est-à-dire d'éléments héréditaires ainsi que l'appréhendait Gregor Mendel, à celui de matière première de la vie. C'est le Danois Wilhelm Johannsen qui, en 1909, proposa d'appeler « gènes » ces éléments héréditaires que, un an plus tard, l'Américain Thomas Morgan finit par localiser sur les chromosomes de ses mouches de vinaigre. En 1944, l'Américain Oswald T. Avery démontre que l'ADN des chromosomes constitue le support matériel des gènes et, en 1953, James Watson, Francis Crick, Rosalind Franklin et Maurice Wilkins proposent le schéma moléculaire de la double hélice d'ADN. Il fallut attendre 1969, année hautement symbolique puisqu'elle connut le premier pas de l'homme sur la Lune, pour que l'Américain Jon Beckwith isole physiquement un gène (pour la première fois de l'histoire, à partir d'un chromosome de la bactérie *Escherichia coli*). Le parallèle ainsi fait entre ces deux événements scientifiques et technologiques est d'ailleurs appuyé par Beckwith en personne, lorsqu'il baptise l'un des chapitres de son autobiographie rédigée il y a dix ans : « on a marché dans le génome[82] ». Ce faisant, l'Américain établit un parallèle sans équivoque entre son exploit, à savoir la conquête du gène et la prouesse astronomique réalisée par Neil Armstrong et Youri Gagarine, et à juste titre, puisque la découverte opérée par l'éminent généticien marque le début de l'épopée du génie génétique.

---

[82] J. Beckwith, *Making Genes, Making Waves : a social activist in Science*, Harvard, Harvard University Press, 2002, p.256.

Le génie génétique, qui se développe à partir de 1972, est fondé sur l'isolement, l'identification et le transfert de fragments d'ADN, supports des gènes. Yves Michaud parle du génie génétique en termes de technique de décryptage du génome, dont l'avènement fut salué comme « le déchiffrement du grand livre de la vie[83] ». C'est dire que les ingénieurs de la vie ou du vivant établissent une comparaison entre l'ADN et la Bible. Comme la connaissance de la Bible permet de sauver l'âme humaine, la découverte de l'ADN fut envisagée comme salvatrice pour le génome humain. En effet, « la carte du génome allait permettre d'établir la spécificité de l'homme dans le vivant, de le différencier des autres vivants et elle allait fournir en quelque sorte le manuel de fabrication du vivant[84] ». L'élan euphorique suscité par le génie génétique a vite fait oublier que cette technique de déchiffrement du génome humain remettait en cause par-dessus le marché les thèses racistes, en démontrant de façon implacable et irréfutable l'identité du patrimoine génétique à 99,99 pour cent chez tous les humains et que les différences entre groupes sont moins grandes qu'entre les individus du même groupe.

En tout cas, le génie génétique permit de mettre au point d'importants traitements. Toutefois, le transfert des gènes ne va pas sans conséquences détestables tant sur le plan de la sécurité que sur celui de l'éthique. C'est ainsi que très tôt, des voix s'élevèrent pour dénoncer les retombées néfastes d'un usage dévoyé de cette technique. Trois ans déjà avant son avènement, Jon Beckwith lui-même, alors qu'il venait de révéler au monde sa prouesse scientifique, monta au créneau à travers une conférence de presse à l'effet d'attirer l'attention de l'opinion publique nationale et internationale sur les dangers d'éventuelles manipulations génétiques. Du

---

[83] Y. Michaud, *op.cit.*, p.103.
[84] *Ibid.*, p.104.

coup, commencèrent alors d'interminables débats qui allaient aboutir, en 1975, à un moratoire temporaire de l'utilisation du génie génétique, qui fut l'objet des discussions de la conférence d'Asilomar. Les multiples réactions à l'application du génie génétique en agriculture, les unes les plus virulentes que les autres, notamment la querelle des OGM, prouvent une chose : c'est qu'en 2012, le débat est loin d'être clos.

Le génie génétique permit aussi d'extirper les gènes de la molécule d'ADN afin de les faire « parler » : qu'avaient-ils donc dans le ventre ? Quel programme contenaient-ils ? Les scientifiques mirent au point des outils destinés à morceler l'ADN, à séparer les gènes, les amplifier, déterminer leur séquence et même les transférer à volonté d'un organisme à l'autre ! Le génie génétique a ainsi donné l'occasion aux généticiens de « franchir la barrière des espèces, puisque des gènes de mouche pouvaient désormais s'insérer dans le génome d'un ver, d'une souris ou d'un poireau, et vice-versa. Ainsi, le transfert de gènes humains dans des cellules productrices est-il à la base des progrès thérapeutiques utilisant des protéines dites « recombinantes »[85] ». Par exemple, c'est à la faveur du transfert dans une bactérie (le colibacille) du gène codant l'insuline humaine que sont aujourd'hui traités la majorité des diabétiques : l'insuline « recombinante » humaine est produite par des micro-organismes génétiquement recombinés. Outre l'insuline, l'hormone de croissance, l'érythropoïétine (la célèbre et sulfureuse EPO), le facteur VIII nécessaire aux hémophiles et de nombreux vaccins se trouvent produits eux aussi par cette technique.

Mais la vérité c'est que le « programme génome humain », c'est-à-dire la dynamique de décryptage, séquençage et donc de démystification du génome humain impulsée par le génie

---

[85] Axel Kahn et Fabrice Papillon, *op.cit.*, p.80-81.

génétique, lequel est au service de la médecine régénératrice avec son lot de fantasmes, notamment celui de l'immortalité, « doit être comparé à un dictionnaire en cours d'élaboration[86] ». La raison en est que 30 à 40 pour cent de nos gènes demeurent énigmatiques aujourd'hui, c'est-à-dire qu'on n'a pas réussi à les faire parler dans l'espoir qu'ils puissent décliner leur programme. Ce qui implique que ce mécanisme ne soit pas encore en mesure de venir à bout des multiples maladies héréditaires ou génétiques, ni même qu'il puisse efficacement aider la médecine régénératrice dans son ambition de rendre l'homme tout ou partie immortel.

Ce sont ces limites objectives auxquelles bute la génétique, mais qui ne sont pas toujours révélées au grand public, qui ont amené Bertrand Jordan, généticien de grande réputation, à dénoncer l'imposture qui sous-tend ce qu'il appelle l'idéologie du « tout génétique », laquelle induit « aussi bien la résignation à des inégalités sociales vite présentées comme biologiques, que la confiance exagérée dans les possibilités d'une thérapie génique encore dans l'enfance[87] ». En clair, il y a une confusion délibérément entretenue par des politiques et des intellectuels à leur solde, entre un programme génétique, qui est celui des propriétés biologiques intrinsèques, et le sort ou la condition existentielle d'un individu. Cette confusion engendre de multiples dérives idéologiques que l'on a pu observer dans le passé, que l'on observe d'ailleurs encore aujourd'hui, et qui sont à craindre pour le futur. Le sort ou la condition existentielle d'un individu est la résultante d'une mixture complexe entre les paramètres aussi bien biologiques, environnementaux, économiques, culturels, éducationnels que politiques. Par conséquent, ramener le destin d'un individu aux seuls paramètres biologiques, correspond à une

---

[86] *Ibid.*, p.87.
[87] Bertrand Jordan, *Les imposteurs de la génétique*, Paris, Seuil, 2000, quatrième des couvertures.

imposture proprement déshumanisante, un déni d'humanité grandeur nature. En outre, lorsque Bertrand Jordan parle de l'idéologie du « tout génétique » comme facteur d'amplification des capacités réelles d'une thérapie génétique encore embryonnaire, il y a là une volonté légitime de relativiser la portée de la médecine régénératrice dont la thérapie génique constitue le levier ; la perspective téléologique étant d'atténuer la montée en puissance de faux espoirs à la fois au sein de la classe génétique et au sein du grand public consommateur des trouvailles en la matière, dont les médias façonnent l'opinion par le truchement du harcèlement informationnel qui cache mal la propension à la désinformation. Car, dit-il, « il n'est que temps de présenter une version plus sobre, mais non moins passionnante, de contenu réel de l'actuelle révolution génétique – et de mettre en cause les déformations intéressées, qu'elles soient le fait des chercheurs ou des médias[88] ».

Il est de bon ton de souligner que le raz de marée du « tout génétique » ne s'explique pas seulement par la frénésie évolutive des connaissances : il trouve davantage son fondement dans des considérations sociales et idéologiques. Il ne saurait en être autrement, car avec le triomphe mondial d'un mode de production capitaliste auquel ne s'oppose plus aucune alternative, les sociétés contemporaines marchandes, individualistes et spirituellement blasées, tendent à dissoudre les solidarités et à se décharger de toute responsabilité dans le devenir des individus. Elles accueillent donc favorablement des théories qui attribuent le destin des personnes à leurs gènes plutôt qu'à leur éducation, leur environnement et leur condition sociale, y trouvant une justification biologique à l'existence d'inégalités qui tendent à s'accroître, et en tirant d'excellents arguments pour écarter les mesures forcément coûteuses qui pourraient limiter cette dérive.

---

[88] *Ibid.*

En tout état de cause, au-delà de la thérapie génique qui charrie de nombreux espoirs relativement à la régénération, il y a aussi la totipotence embryonnaire, laquelle présente un fort potentiel en termes de greffes d'organes, qui entretient de sérieux fantasmes au sujet de la jouvence non plus totale mais plutôt partielle ou organique.

II.2. Cellules souches, totipotence des cellules embryonnaires et jouvence : une analytique de la thérapie cellulaire

La transformation progressive d'une cellule dotée de toutes les potentialités, la cellule œuf, en des tissus spécialisés baptisée processus de différenciation, constitue l'un des plus grands prodiges de la biomédecine. La fécondation de l'ovule par un spermatozoïde donne en effet la cellule œuf : c'est la première cellule du futur bébé qui va commencer à se diviser en cellules filles, ou blastomères. Les capacités de l'œuf fécondé, ainsi que des premières cellules qui naissent de sa division, sont stupéfiantes : l'œuf donne vie à n'importe quel type cellulaire, qu'il s'agisse du placenta, des cellules de peau, de foie, de cœur, de cerveau, etc. Progressivement, au fil du développement embryonnaire, les cellules qui se divisent et se multiplient par millions de manière à bâtir l'organisme perdent de cette toute-puissance créatrice. Elles finissent par se spécialiser, ou bien, selon le terme consacré, par se différencier. Autrement dit, une fois différenciées, les cellules hépatiques (du foie) n'ont d'autres possibilités que de remplir des fonctions directement liées à l'activité de cet organe. Par ailleurs, lorsqu'elles se divisent encore, les cellules ne s'avèrent capables que de produire d'autres cellules hépatiques, sauf à succéder à un processus tumoral.

Ces cellules nettement différenciées sont aussi qualifiées de somatiques. Ce terme définit à la fois leur statut spécialisé, et leur appartenance à un organisme mûr ou adulte, par opposition au stade embryonnaire. Elles divergent donc nettement des premières cellules de l'embryon qui constituent en quelque sorte la souche de l'organisme. La cellule œuf et ses premières cellules filles, les blastomères, sont des cellules souches dites totipotentes (« tous pouvoirs »), en ce qu'elles ont la propriété d'être à l'origine d'un organisme complet, en l'occurrence un nouveau-né. A ce titre, lorsque l'embryon limité à quelques cellules se clive accidentellement en deux, ou qu'on le scinde intentionnellement, cela peut aboutir à des jumeaux, preuve de la totipotence des cellules de l'embryon très jeune.

C'est bien ces cellules totipotentes embryonnaires qui sont utilisées dans la thérapie cellulaire. L'utilisation thérapeutique des cellules est d'ores et déjà une réalité. La thérapie cellulaire est en effet d'un usage déjà classique en cancérologie et en hématologie, c'est-à-dire dans le domaine des maladies du sang. La moelle osseuse et le sang placentaire contiennent en effet des cellules souches hématopoïtiques, autrement dit des cellules souches pluripotentes capables de régénérer la totalité des cellules du sang, en particulier le système immunitaire.

Elles sont baptisées cellules souches car elles en possèdent la propriété fondamentale : l'auto-renouvellement. Lorsqu'elles se divisent, l'une des cellules filles maintient le pool des cellules souches indifférenciées, tandis que l'autre commence à se différencier, ici en cellule de sang. D'autre part, ces précurseurs sont dits pluripotents car ils peuvent engendrer plusieurs types de cellules différenciées (globules rouges, globules blancs, plaquettes sanguines, cellules de l'immunité) dans un spectre toutefois restreint.

Les greffes de moelle ou de cellules souches hématopoïtiques sont pratiquées depuis les années 1970 ; elles ont permis de soigner bon nombre de patients. En 2001, environ 4000 greffes de ce type avaient été pratiquées en

France, selon le Registre national de greffes de cellules souches hématopoïtiques. Aujourd'hui, les deux tiers d'entre elles ne s'effectuent plus à partir de la moelle d'un donneur, mais avec des cellules prélevées dans le sang du patient lui-même. Le tiers restant est toujours réalisé à partir de la moelle ou du sang de donneurs : il est alors question « d'allogreffe »[89].

On le voit, l'aventure des cellules souches entamée dans les années 1980, notamment embryonnaires, ouvre une voie nouvelle pour la biomédecine en ce début du XXIe siècle, et nourrit de réels espoirs auprès des populations qui voient dans la thérapie cellulaire, à tort ou à raison, une source de jouvence. Cependant, il n'y a pas que la thérapie génique ou la thérapie cellulaire classique qui mobilisent tant d'espérances auprès de l'opinion publique, il y a aussi la technique procréatique et thérapeutique du clonage humain de plus en plus envisagée, qui séduit l'imaginaire collectif et l'installe dans un univers fantasmatique délirant.

III. Le clonage humain et son univers fantasmatique

Le clonage est une forme de reproduction asexuée qui consiste à introduire dans une cellule réceptrice préalablement énucléée, la totalité du patrimoine génétique du donneur de la semence, c'est-à-dire l'œuf d'une cellule donneuse. Tout a commencé en février 1997 avec la naissance de la brebis Dolly, premier mammifère cloné à partir d'une cellule adulte. Ce clonage fut réalisé par l'équipe écossaise de Ian Wilmut, à Edimbourg pendant l'été 1996, après 276 tentatives infructueuses. Quel fut le mécanisme de cette opération clonale pionnière ? Ian Wilmut et son équipe fusionnèrent les noyaux des cellules des glandes mammaires d'une brebis adulte gestante, c'est-à-dire des cellules extrêmement différenciées, avec des ovocytes, préalablement

---

[89] Axel Kahn et Fabrice Papillon, *op.cit.*, p.173.

privés de leur noyau, d'une autre race de brebis. Ils réimplantèrent ensuite ces œufs chez des brebis porteuses. La brebis issue de ce mécanisme clonal, Dolly, fut physiquement identique à la brebis adulte donneuse de cellules de glandes mammaires. Ce faisant, les chercheurs démontrèrent que l'on peut réactiver le génome complet de n'importe quelle cellule animale, même hautement différenciée. Depuis Dolly, de nombreux autres mammifères ont été clonés, en particulier des vaches et des cochons, puis les premiers chats en fin 2001 ; les premiers lapins clonés voient le jour en 2002, le premier rat fut quant à lui cloné en 2003. Le premier membre de la famille des équidés (la famille du cheval), un mulet, a vu le jour en 2003 ; enfin, le premier chien cloné naît en 2005.

Qu'en est-il du clonage humain alors ? Depuis cette cascade de prouesses clonales réalisées chez des mammifères dont nous venons de décliner la configuration et l'ampleur, des ingénieurs du vivant et l'opinion publique se surprennent à rêver d'un clone à visage humain. L'éventualité de la mise sur pied de celui-ci charrie toute une cohorte de fantasmes que l'on retrouve aussi bien dans le contexte du clonage reproductif que dans celui du clonage thérapeutique.

III.1. Le clonage humain reproductif

Le clonage reproductif est la forme la plus ancienne du clonage. Elle permet de développer une lignée cellulaire génétiquement identique à partir d'une seule cellule souche. Il s'agit en effet d'une technique procréatique qui, appliquée à l'humain, se traduit par l'énucléation d'une cellule à laquelle l'on fait joindre une autre avec tout son patrimoine génétique. Elle consiste à produire de vrais jumeaux par séparation des cellules d'un embryon à un stade précoce de son développement (quatre cellules, par exemple). Chacune des cellules ainsi séparées se développe alors en autant de d'individus viables et identiques. Cette technique met en application la capacité qu'ont les cellules embryonnaires, en deçà d'un certain âge, à se développer en un individu complet, c'est-à-dire un individu doté de sa totalité ou de sa plénitude organique : cette propriété est appelée totipotence, que nous avons analysée plus haut.

Toutefois, au-delà d'un certain stade de développement, les cellules constitutives d'un embryon se spécialisent, on parle alors de cellules différenciées. Elles ne sont plus capables, si elles sont séparées en ce moment-là, de donner un individu viable.

Le clonage reproductif brille par sa fécondité fantasmatique. Le fantasme le plus récurrent et le plus tenace dont il est assorti est celui de l'immortalité. La représentation collective du clonage humain en effet, « c'est l'idée d'un accès à l'immortalité de son individualité propre, de sa conscience personnelle, etc. 'Moi, je veux être cloné parce que je ne veux pas mourir et que je veux me retrouver dans une vie prolongée'. Autrement dit, les propriétés traditionnelles de l'âme, soit l'immortalité, soit la réincarnation, sont projetées sur les gènes. Le fantasme par excellence, c'est de projeter sur des molécules tout ce que les traditions anciennes ont pu nous dire sur l'âme. Évidemment, rien de tout cela ne concerne l'ADN, cela concerne ce qu'on appelle l'âme et qui n'a rien à voir avec ça[90] ». Ainsi, l'imaginaire collectif fait preuve d'un confusionnisme absurde entre le corps génétique et la conscience. Mieux, il assimile allègrement le clonage éventuel du soma à celui de la conscience. Or la conscience est une entité autrement complexe, laquelle est la résultante d'un conglomérat de paramètres symboliques strictement personnels. Etablir un parallèle entre elle et les éléments génétiques essentiellement biophysiques, correspond à ce que Roger-Pol Droit appelle,

---

[90] Roger-Pol Droit, « L'identité perturbée », in *Le clonage humain*, Paris, Seuil, 1999, p.131.

avec raison du reste, « une bêtise monstrueuse ». Car, martèle-t-il, « même si le code génétique dure, les organismes sont distincts, leurs trajectoires différentes, leurs synapses autres et leurs expériences particulières...[91] ».

L'euphorie que charrie le fantasme narcissique de l'immortalité relativement à la perspective du clonage humain reproductif, est le fait du couplage du clonage génétique et du clonage conscientiel ou spirituel. Cette propension à la synchronie du corps et de l'âme est étroitement liée à l'héritage philosophique occidental le plus fondamental, celui du relatif au « soi » individuel, à la simplicité de la substance pensante (la *res cogitans* de René Descartes), à l'unité d'un « ego » fondateur de l'existence du sujet. Pour s'en convaincre, il suffit d'examiner un autre horizon de pensée, notamment celui bouddhiste, qui est antinomique à cette posture fantasmatique suscitée par l'éventualité du clonage humain reproductif. Lorsqu'on part des postulats même de la pensée bouddhiste en effet, l'on se rend compte que celle-ci évacue la notion de substance subjective, « tout simplement parce qu'il n'y a pas de place pour la substance ni pour le sujet dans le cadre de cette pensée[92] ». Pour comprendre de quoi il est question, il est de bon ton de s'appuyer sur l'exemple de la fameuse scène du démontage du char dans les *Questions de Milinda*. Il s'agit d'un dialogue bouddhique qui met en lumière l'inexistence d'une unité stable correspondant au nom propre du sujet. De même qu'en démontant un char on ne rencontre jamais « le char » (ce n'est pas la roue, ni le timon, ni la selle, etc.), de même, en démontant par la pensée l'individu, en décomposant l'assemblage sont il est constitué, on ne saurait trouver quoi que ce soit qui corresponde à ce qui est appelé par son nom. Ce qui correspond à l'appel de son nom n'est ni

---

[91] *Ibid.*

[92] *Ibid.*, p.124.

le foie, ni le cœur, ni les reins, ni même le cerveau, etc. L'individu, comme le char, n'est que le nom d'un assemblage, d'une combinaison, relativement stable dans sa forme et sa continuité structurelle, mais dépourvue de nature propre. Pas d'essence, pas d'âme. Pas de sujet, pas de substance pensante ni de réalité durable définissant positivement l'identité.

Ainsi, du point de vue bouddhiste, le sujet occidental, un principe pensant permanent et stable, sous-jacent à ce qu'il pense (l'*upokeimenon* d'Aristote : ce qui est en dessous, « sub-jectif »), est un mirage. C'est en raison de notre ignorance et de notre attachement narcissique à nos désirs que nous forgeons et entretenons l'illusion d'un « Je » autonome et stable dont l'existence pourrait se pérenniser par-delà notre mort au travers du clonage humain reproductif. Si l'on s'accroche à cette logique radicale jusqu'au bout, l'on s'apercevra que la fantasmagorie inhérente à l'immortalité de l'identité dont le clonage humain reproductif serait garant, s'évanouit toute seule.

Cet exemple de la pensée bouddhiste suffit à nous convaincre de ce que l'idée chimérique d'immortalité qui sous-tend l'opération clonale dans son versant reproductif, est le produit de l'héritage philosophique et même judéo-chrétien de la civilisation occidentale, qui établit l'unicité de la personne. Cependant, il n'y a pas que la perspective du clonage humain reproductif qui soit fantasmatiquement productive, l'éventualité du clonage humain thérapeutique l'est aussi.

III.2. Le clonage humain thérapeutique

Le clonage humain thérapeutique se fonde sur les mêmes mécanismes techniques que le clonage humain reproductif, mais ce qui les distingue, c'est la logistique intentionnelle, puisque le versant thérapeutique, comme son nom l'indique, n'est pas destiné à créer un nouvel individu, mais plutôt à utiliser l'embryon comme matériau thérapeutique au travers de ses cellules souches. Le clonage humain thérapeutique se pratique en effet par le transfert d'un noyau cellulaire dans un ovule, à l'effet de récupérer les cellules embryonnaires (cellules souches) destinées au remplacement de fonctions ou d'organes défectueux. C'est un mécanisme, comme dans le contexte du clonage reproductif d'ailleurs, qui consiste, à partir d'un patrimoine génétique entier, à générer un embryon. Le développement de celui-ci est stoppé vers le cinquième jour, date antérieure au moment où, *in vivo*, l'embryon s'implanterait dans la paroi de l'utérus. Il représente un réservoir de cellules souches capables, dans certaines conditions, de former des tissus différenciés, raison pour laquelle ce clonage est également qualifié de « clonage pour la dérivation ».

Le but du clonage thérapeutique est la thérapie cellulaire, voilà pourquoi il charrie toute la charge fantasmatique qui est celle de la médecine régénératrice dont nous avons parlé plus haut. L'utilisation de cellules humaines dans un but médical existe donc déjà : ce sont, par exemple, les greffes de peau ou de moelle osseuse. Dans le cas du clonage humain thérapeutique, les cellules utilisées seraient des cellules souches prélevées sur un embryon. Les applications thérapeutiques potentielles sont multiples. Ces cellules embryonnaires, après avoir été engagées dans une voie de spécialisation ou de différenciation, pourraient permettre le traitement de maladies comme la maladie de Parkinson, d'Alzheimer, de désordres métaboliques comme ceux entraînés par le diabète insulino-dépendant (diabète sucré), voire des cancers. Elles pourraient également être précieuses pour régénérer les peaux des brûlés. Ces applications impliquent une parfaite maîtrise de tous les aspects de la différenciation cellulaire, car une greffe de cellules embryonnaires non différenciées constitue un risque majeur de formation de tumeurs. Les progrès à réaliser demeurent donc importants, surtout que de grandes espérances existent et se développent sans arrêt, notamment celles entretenues par la médecine régénératrice. Le clonage thérapeutique est à cet égard une piste essentielle.

Mais il n'y a pas que la technique procréatique du clonage humain qui fasse rêver le grand public, il y a également le diagnostic préimplantatoire (DPI) qui cristallise des fantasmes en termes de production d'une progéniture sur mesure.

IV. Le diagnostic préimplantatoire (DPI) et son cortège d'espérances

La technique procréatique du diagnostic préimplantatoire (DPI) consiste en une enquête génétique dont le but est d'améliorer, voire de perfectionner les caractéristiques génétiques de l'embryon. Même si une approche contraire se développe, laquelle consiste à soutenir l'idée que le diagnostic préimplantatoire en soi est moralement admissible et juridiquement acceptable si on limite son application à quelques cas bien définis de pathologies héréditaires sévères, dont on peut envisager qu'il soit bienfaiteur pour les personnes potentiellement concernées par celles-ci. Cette perception est de plus en plus distillée dans la sphère publique et privée. L'un des chantres et thuriféraires de cette thèse est le philosophe postmoderne Pierre-André Taguieff, qui affirme qu'il ne s'agit pas dans le diagnostic prénatal de la recherche vaine du bébé parfait, mais plutôt du désir raisonnable de donner naissance à un enfant qui soit à l'abri des souffrances liées aux troubles insupportables. « Il ne s'agit pas de réaliser un rêve de perfections, martèle-t-il, (…) mais de suivre des règles de prudence et de bienfaisance d'une sagesse toute pragmatique, attentive à repérer, parmi les moyens fournis par la technologie biomédicale, ceux qui peuvent permettre d'éviter d'ajouter la souffrance à la souffrance, ou de surmonter le douloureux dilemme : ne pas avoir d'enfant/avoir un ou plusieurs enfants gravement handicapés[93] ». En clair, il est question, d'après lui, d'instrumentaliser le progrès technique pour conjurer la fatalité génétique. C'est une perception qui est tout à fait plausible. Seulement, les frontières entre l'eugénisme négatif absolument justifié, puisqu'il envisage l'éradication des pathologies héréditaires sévères et dont parle Taguieff, et l'eugénisme positif pour le moins injustifié, parce que visant l'amélioration des caractéristiques génétiques, sont on ne peut plus fluctuantes, voire floues. Voilà pourquoi Jürgen Habermas pense que ce type d'argumentaire développé par Taguieff correspond purement et simplement à une caution en faveur de l'eugénisme libéral : « C'est là un argument qui, au demeurant, dit-il, sert déjà aujourd'hui à défendre un eugénisme libéral qui ne reconnaît pas de frontière entre les interventions à de fins d'amélioration, mais laisse aux préférences individuelles des acteurs du marché le choix des finalités qui président aux interventions destinées à modifier les caractéristiques génétiques[94] ».

Il en ressort que les tenants de l'eugénisme libéral qui est blotti derrière la technique procréatique du diagnostic préimplantatoire (DPI) ne sont pas intellectuellement honnêtes pour reconnaître le glissement très récurrent de l'éradication des pathologies héréditaires sévères au perfectionnement des caractéristiques génétiques. Un glissement subreptice et parfaitement intensionnel qui laissent libre court aux multinationales opérant dans la sphère biotechnologique de définir le profil du patrimoine génétique

---

[9393] P.-A Taguieff, « Retour sur l'eugénisme, question de définition » (Réponse à J.Testart), cité par André Liboire TSALA MBANI, *Biotechnologies et Nature Humaine. Vers un terrorisme ontologique*, *op.cit.*, p.25.

[94] J. Habermas, *L'avenir de la nature humaine*, Paris, Gallimard, 2002, p.35.

des embryons, personnes humaines potentielles, non sans la complicité des parents avides d'une progéniture psychologiquement et somatiquement sophistiquée.

Mais a-t-on le droit de manipuler, sélectionner et programmer les caractéristiques génétiques de l'embryon humain, être humain en puissance ? Est-il moralement admissible d'instrumentaliser la vie humaine, fût-elle en construction, au profit des intérêts économiques et des fantasmes parentaux ? À la vérité, la technique procréatique de réimplantation, comme le souligne fort judicieusement René Kollek, induit la question normative et éthique de savoir « si le fait d'avoir été créé sous réserve et de n'avoir reçu le droit au développement et à l'existence qu'après une enquête génétique est compatible avec la dignité humaine[95] ». Question pertinente, car le dépistage, la manipulation et l'intervention qui portent sur le matériel de base de la vie qu'est le gène dans une perspective mélioriste, correspondent à un déterminisme fort déshumanisant.

Une interrogation similaire jaillit dès lors qu'il est question de « consommer » de l'embryon dans la perspective vague de pouvoir, un jour, cultiver des tissus transplantables et de les implanter, ainsi que nous venons de la voir avec le clonage humain thérapeutique qui fait miroiter la thérapie cellulaire. Mais tout cela ne va sans conséquences : la principale d'entre elles est qu'au fur et à mesure que s'amplifient et se normalisent la fabrication et l'utilisation d'embryons aux fins de la recherche médicale, fait remarquer Habermas, « se transforme la perception culturelle de la vie humaine anténatale avec pour conséquence l'abrasion de notre sensibilité morale au profit des coûts et des bénéfices. Aujourd'hui, nous décelons encore ce qu'a d'obscène une telle pratique réifiante et nous nous demandons si nous

---

[95] R. Kollek, *Präimplantationdiagnostic*, Tübingen et Bâle, A. France, 2000, p.214.

aimerions vivre dans une société qui s'achète des ménagements narcissiques pour ses propres préférences au prix de l'insensibilité eu égard aux fondements naturels et normatifs de la vie[96] ».

C'est dire que notre accoutumance à l'instrumentalisation et à la réification d'embryons humains finit par étioler notre sensibilité morale subjuguée qu'elle est par l'axiomatique de l'intérêt et du profit, de même que par des fantasmes narcissiques. La marchandisation des réaménagements de confort du patrimoine génétique d'embryons humains dégrade fatalement notre perception culturelle de la vie ou de la nature humaine anténatale. L'obscénité de la recherche sur l'embryon humain dont l'une des conséquences est l'érosion de notre sensibilité morale, réside dans le fait qu'elle remet en cause notre tradition et notre culture qui s'ancrent dans les fondements métaphysiques de la vie humaine et l'intuition de celle-ci comme valeur apodictique et absolue, fût-elle prénatale. Même si, Gilbert Hottois, dont le relativisme axiologique et normatif hérité du postmodernisme et le nihilisme ambiants est désormais établi[97], condamne ce qu'il appelle « la conception à la fois substantielle, unique, universelle et immuable[98] » de la sensibilité morale habermasienne, comme si le postmodernisme, dans lequel s'inscrit sa posture éthique, était la seule idéologie ayant droit de cité dans notre contemporanéité néolibérale. Et du coup,

---

[96] J. Habermas, *op. cit.*, p.36-37.

[97] Nous avons critiqué le relativisme axiologique et normatif postmoderne qui sous-tend l'éthique d'« accomplissement » de G. Hottois dans notre thèse de Doctorat portant sur son œuvre et soutenue en 2005, dont le titre est : « De la prudence rationnelle chez Gilbert Hottois. Analyse pour une éthique de la modernité ». Car elle nous a semblé trop dangereuse pour la cohésion et la synchronie de l'espèce humaine. En outre, c'est une éthique permissiviste, pragmatiste, voire anti-humaine, puisqu'elle ne milite pas pour la protection de la nature humaine, si tant est qu'elle en reconnaît même l'existence.

[98] G. Hottois, *op.cit.,* p.115.

Hottois ne peut échapper à cette contradiction : en disqualifiant le substantialisme et l'universalisme de la sensibilité morale habermasienne, parce que, dit-il, inadaptée dans un contexte axiologiquement cosmopolitiste et laïciste, il érige le relativisme débridé des valeurs, des normes et des principes en un paradigmatisme et archétypisme symboliques aux relents indéniablement universels, c'est-à-dire un Référent symbolique qui devrait dogmatiquement régir toute réflexion éthique contemporaine.

En tout cas, le diagnostic préimplantatoire et la recherche sur les cellules souches de plus en plus envisagée dans le cadre du clonage humain reproductif, sont l'un et l'autre issus de la perspective de l'« auto-instrumentalisation » et de l'« auto-optimisation » que l'homme est en passe aujourd'hui d'appliquer à ses propres fondations biologiques. Toutes choses qui sont de nature à causer une entorse au principe éthique de l'inviolabilité de la personne humaine. Aujourd'hui, en ce qui concerne le diagnostic préimplantatoire, il est vraiment difficile de respecter la ligne de démarcation entre la sélection des facteurs héréditaires indésirables et l'optimisation de facteurs désirables. Et c'est précisément cette optimisation des héréditaires désirables et idéalisés qui contribue avec d'autres prouesses de la biomédecine réelles ou potentielles dont nous avons fait cas, à la cristallisation des fantasmes, des espoirs et des espérances, lesquels induisent une inflation contemporaine sans précédent des droits de l'homme pour le moins atypiques. Car ceux-ci ne sont fondés ni sur la raison inspiratrice des trois générations classiques des droits de l'homme que nous avons abondamment analysées dans la première partie de cet essai philosophique, ni sur le droit naturel sur lequel repose la philosophie contractualiste des XVIIe et XVIIIe siècles.

CHAPITRE QUATRIEME

AU CŒUR DE L'INFLATION CONTEMPORAINE DES DROITS DE L'HOMME BATARDS

Les prouesses réalisées, en cours de réalisation ou simplement projetées dans la biomédecine en général et dans l'ingénierie procréatique en particulier, charrient et cristallisent des fantasmes, des espérances et des passions auprès du grand public ; lesquelles ont donné naissance à une industrie des droits de l'homme particulièrement ingénieuse et productive, mais qui malheureusement brille par son absence d'assise rationnelle ou morale. Or, nous le savons, notamment avec Hegel dans ses *Principes de la philosophie du droit*[99], tout système juridique est gouverné par la morale. Toute règle juridique en effet est porteuse d'une valeur, c'est-à-dire un principe idéal qui lui confère une transcendance par rapport à l'empiricité, et qui montre comment l'être devrait être. Elle est donc assortie d'un devoir-être qui nie l'être. Dès lors, comment comprendre l'inflation contemporaine des droits induite par l'ingénierie procréation, qui obéit moins à une logique rationnelle ou morale qu'à une logique utilitariste, instrumentaliste et pragmatiste, et dont l'enjeu est la structure onto-génétique de l'homme, c'est-à-dire les caractéristiques génétiques référentielles et typiques de l'espèce humaine ? Aussi parle-t-on aujourd'hui de droit fondamental à la liberté de procréation qui englobe la procréation aussi bien coïtale que non coïtale, c'est-à-dire la procréation artificielle ; de droit fondamental à la liberté de choisir le partenaire ou une source pour la donation et/ou

[99] Hegel, *Principes de la philosophie du droit*, Paris, Vrin, 1975.

pour l'achat d'ovules, de sperme ou d'embryons ; de droit à l'enfant, etc.

On aura certainement compris que c'est le destin de la nature humaine qui se joue dans l'univers biomédical régi par un utilitarisme débridé, dont l'axiologie est réduite à la seule valeur marchande. La nouvelle génération des droits de l'homme engendrée par l'ingénierie procréatique, dont la mécanique obéit à « l'axiomatique de l'intérêt[100] », pour parler comme Philippe Arondel, peut-elle intégrer ce que Francis Fukuyama appelle les « finalités humaines supérieures[101] », c'est-à-dire les idéaux et les valeurs susceptibles d'accomplir l'humanité de l'homme ? L'absolutisation du marché qui fait le lit de l'immoralité, voire de l'amoralité, laquelle gangrène la technologie procréatique, sous le regard impuissant du pouvoir étatique, ne va-t-elle pas prendre la nature humaine en otage ?

I. Les nouveaux prestidigitateurs américains du droit

La technologie génétique ou procréatique, parce qu'elle est porteuse d'espérances inédites chez nos contemporains américains en termes de régénération cellulaire, d'immortalité ou encore de production d'une progéniture au profil bio-psychologique préalablement défini, a fait prospérer une industrie des droits de l'homme d'un type nouveau. D'après John Robertson, spécialiste américain des questions bioéthiques, les individus ont un droit fondamental à la liberté de procréation, qui englobe aussi bien un droit à se reproduire qu'un droit à ne pas se reproduire qui inclut donc le droit à l'avortement. Mais, ajoute-t-il, le droit à se reproduire ne se limite pas à la reproduction coïtale, il s'applique aussi à la reproduction non coïtale, à l'instar de la

[100] P. Arondel, *L'impasse libérale*, Paris, Desclée de Brouwer, 1995, p. 32.
[101] F. Fukuyama, *op.cit.*, p.194.

fécondation *in vitro*. Le contrôle de la qualité d'une telle reproduction est protégé à son tour par ce même droit. « Le dépistage génétique et l'avortement sélectif, écrit-il, aussi bien que le droit à choisir un partenaire ou une source pour la donation d'ovules, de sperme ou d'embryons, devraient être protégés comme partie intégrante de la liberté de procréation[102] ».

Si la règle juridique est porteuse d'un principe idéal ou d'un devoir-être destiné à réguler et à encadrer les agissements de l'homme en société, à l'effet de conduire celui-ci vers la transcendance de soi et donc vers la conquête de son humanité virtuelle, peut-on ériger l'avortement et la reproduction artificielle en une règle de droit ? L'avortement est un comportement déviant qui consiste à interrompre l'évolution soit d'un embryon, si la grossesse se trouve encore au stage embryonnaire, soit d'un fœtus, si elle a atteint le stade fœtal. Ainsi, l'avortement est une destruction volontaire de la vie, qui ne saurait être érigée en un comportement paradigmatique et archétypique, c'est-à-dire un comportement qui pourrait servir de référence ou de modèle à une société organisée. Même si, on peut le comprendre, la posture juridique robertsonienne empreinte de nihilisme s'inspire certainement du système juridique en vigueur dans certains États de la Fédération étasunienne où l'avortement est autorisé. Mais il s'agit là d'un cynisme juridique symptomatique du libertarisme et du permissivisme américains qui ne saurait revêtir un quelconque sceau d'universalité, puisque contraire à la somptuosité et à la dignité de la vie humaine.

Par ailleurs, conférer à la procréation artificielle la stature d'une prescription légale expressément codifiée, ainsi que le

---

[102] J. Robertson, *Children of Choice : Freedom, and the New Reproductive Technologies*, Princeton (N.J.), Princeton University Press, 1994, p.33-34.

propose ce bioéthicien et juriste américain, serait faire ombrage au processus naturel de procréation qui est sexué au profit d'un processus asexué et donc contraire à l'ordre naturel des choses. Le contournement de la sexualité dans l'acte de procréation devrait être un acte marginal ou exceptionnel et non pas un agissement référentiel susceptible de déterminer la conduite humaine en société. Dans cette optique, Gérard Huber pense que l'ingénierie procréatique, notamment la technique procréatique du clonage humaine de plus en plus envisagée, traduit une disqualification du « principe fondateur de l'espèce humaine[103] », à savoir la procréation sexuée. Ainsi, l'éviction de la sexualité correspond, d'après lui, à un défi contre les lois naturelles en matière de procréation, et par ricochet, une affirmation du pouvoir et de la domination de l'homme sur la nature. Pour s'en convaincre, il n'y a qu'à suivre les propos éminemment « posthumanistes » et technoscientolâtriques de l'un des proclonages de la première heure, en l'occurrence François Jacob : « La sexualité, souligne-t-il, n'est pas une condition nécessaire à la vie. Nombre d'organismes n'ont pas de sexe et paraissent pourtant assez heureux. Ils se reproduisent par fission ou bourgeonnement. Un seul organisme suffit pour en produire deux identiques. Alors pourquoi pas nous ?[104] ».

Il y a dans ces propos de François Jacob un refus avéré de se soumettre à l'ordre naturel des choses, qui se traduit par une confusion délibérée de genres absolument iconoclaste, voire nihiliste, entre reproduction est procréation. Car lorsqu'on parle de procréation, mot réservé à la reproduction de l'espèce humaine, c'est qu'on tient compte du dualisme biologique et psychologique propre à la nature humaine. Il existe en effet deux sortes de sexualité, selon Gérard Huber : l'une concerne les animaux et les humains ; elle est inscrite

[103] G. Huber, *L'homme dupliqué. Clonage humain effroi et séduction*, Paris, L'archipel, 2000, p.10.
[104] F. Jacob, *Le jeu du possible*, Paris, Fayard, 1983, p.18-19.

dans les dispositions génétiques et héréditaires de l'espèce. L'autre, la sexualité psychique, est spécifique à l'homme. « Elle est constituée de fantasmes, de pulsions et de désirs qui devancent et accompagnent la représentation et l'acte de la reproduction. Elle n'est pas nécessairement associée à la procréation car elle paraît gouvernée par la seule règle du plaisir et de la jouissance de la rencontre sexuelle avec l'autre[105] ». Dans cette perspective, si cloner un animal, c'est rompre avec le cours de sa sexualité biologique, cloner un être humain, c'est en plus de rompre avec sa sexualité biologique, rompre avec sa sexualité psychologique. Ainsi, au-delà de la seule technique procréatique du clonage humain projeté, de manière générale, la procréation artificielle met un terme à l'ancienne sagesse d'amour fondée sur l'échange de plaisir, de jouissance entre individus de sexes différents et sur l'engendrement. Cette forme de reproduction artificielle porte une atteinte irréparable à la conception et à la naissance humaines.

Sur un tout autre plan, parler de droit à choisir un partenaire ou une source pour la donation d'ovules, de sperme ou d'embryons comme devant faire partie intégrante de la liberté de procréation, ainsi que le fait Robertson, c'est faire preuve d'hypocrisie, car on le sait, derrière cette formule lénifiante et anesthésiante de donation d'ovules, de sperme ou d'embryons, se cache une scandaleuse marchandisation d'organes et de produits organiques proprement humains. Cette marchandisation de l'humain, on le sait aussi, est orchestrée par les multinationales opérant dans le secteur économique des biotechnologies au travers des bio-banques. D'ailleurs, réclamer l'érection de la liberté de procréation, qui inclurait la procréation non coïtale, en un principe juridique, revient à signer purement et simplement un chèque en blanc à ces multinationales qui sont mues par la seule

[105] G. Huber, *op.cit.*, p.29.

éthique du profit. Bien plus, cela équivaut à jeter le principe fondateur de l'espèce humaine dont a parlé Gérard Huber et le patrimoine ontologique de l'humain en pâture aux mains de l'actionnariat privé international sans vergogne. Voilà pourquoi nous pensons que la notion de liberté de procréation acquière toute sa pertinence sur le terrain des prédispositions naturelles, c'est-à-dire dans le contexte d'un processus naturel de procréation.

Pour sa part, Ronald Dworkin, compatriote de Robertson, suggère la mise sur pied d'un droit de manipuler génétiquement un être humain, notamment l'embryon, qui serait moins reconnu aux parents qu'aux scientifiques. Pour cela, il postule deux principes fondamentaux d'individualisme éthique applicables dans une société libérale : le premier est que chaque vie individuelle doit être réussie et non ratée ; le second, quant à lui, stipule que si chaque vie en soi est également importante, la personne propriétaire de celle-ci a une responsabilité singulière dans sa réussite. A partir de ce postulat, son argumentaire se déploie comme suit : « Si jouer le rôle de Dieu signifie lutter pour améliorer ce que Dieu (délibérément) ou la Nature (en aveugle) a développé au long des millénaires, alors le principe d'individualisme éthique exige cette lutte tandis que le second principe l'interdit, en l'absence d'une évidence concrète de danger objectif, de savants et de docteurs volontaires pour la diriger[106] ».

Le biojuridisme ainsi développé par ce bioéthicien américain présente des ambigüités qui rendent sa pertinence sujette à caution, et sur lesquelles il convient de braquer un faisceau lumineux : d'abord, lorsqu'il propose la mise sur pied d'un droit de manipuler génétiquement un embryon, cela correspond à une réification de celui-ci. L'embryon est réduit

[106106] R. Dworkin, *Soverein Virtue : The Theory and Practice of Equality*, Cambridge(Mass.), Harvard University Press, 2000, p.462.

en effet à un simple matériau biologique d'expérimentation, c'est-à-dire qu'on peut manipuler, dé/reconstruire, falsifier, remodeler, bref, dont on peut définir la configuration et le profil selon ses propres aspirations, ses propres fantasmes. La perception dworkinienne de l'embryon se situe ainsi en droite de celle des postmodernes pour qui l'embryon n'est pas immuable encore moins intangible, c'est un amas de cellules essentiellement remodelable et falsifiable, puisqu'il n'y a pas un ailleurs de cet amas de cellules qui garantirait son intangibilité et son inviolabilité. La réalité humaine est alors réduite à sa seule dimension biophysique ou somatique, l'impasse étant faite sur sa dimension spirituelle, qui relève d'ailleurs, selon les tenants de cette doctrine, de la pure spéculation, voire du mysticisme. Mais est-il pertinent de réduire la réalité à ce l'on voit ? N'existe-t-il pas une réalité invisible qui aurait peut-être une consistance ontologique incommensurablement plus importante en termes d'opérativité, de déterminisme et d'immuabilité que celle de la réalité visible ?

Par ailleurs, peut-on disqualifier aussi facilement l'humanité de l'embryon, quand on sait que les cellules embryonnaires sont totipotentes, c'est-à-dire qu'elles ont un potentiel de différenciation des plus optimales ? Les cellules embryonnaires sont en effet capables de se différencier ou de se spécialiser en toutes formes de cellules de l'organisme humain. Elles peuvent ainsi se muer en cellules hépatites, cervicales, cardiaques, etc. C'est d'ailleurs cette plasticité opératoire en termes de différenciation qui fait qu'elles soient éminemment prisées par la médecine régénératrice, notamment en matière de greffes d'organes. Dès lors, il devient incongru, voire ubuesque de soutenir l'infra-humanité ou la choséité de la vie embryonnaire, parce qu'elle regorge de toutes les potentialités et virtualités ontologiques en termes génétiques et cellulaires de la vie humaine accomplie.

Ce qui revient à dire que l'embryon est une personne humaine en puissance[107].

En plus, lorsque Dworkin justifie le droit de manipuler génétiquement un être humain qu'il préconise par le fait que chaque vie individuelle doit être réussie et non ratée, l'embryon humain a-t-il une conscience pour décider de la réussite de sa propre vie ? A-t-on le droit de décider de la vie de l'autre ? A-t-on le droit d'imposer nos propres fantasmes ontologiques en termes génétiques à l'autre ? Ce déterminisme ontologique traduit-il un progrès ou une régression de l'humanité ? En outre, doit-on juger de la réussite d'une vie à l'aune des seuls réaménagements biophysiques, notamment génétiques ? À l'observation, le droit de manipuler génétiquement un être humain, fût-il à l'état embryonnaire, que suggère notre juriste et bioéthicien américain, correspond à un biojuridisme nihiliste, puisque ne reposant ni sur la raison génitrice des trois générations classiques des droits de l'homme, ni sur le droit naturel qui a donné naissance à la philosophie contractualiste des XVIIe et XVIIIe siècles. Il consacre plutôt ce que nous appelons la barbarie humaine onto-centrée, c'est-à-dire une barbarie qui ne se traduit plus seulement par des guerres de religions comme au XVIIe siècle, ou des guerres de conquête, lesquelles se situent sur le champ politique, mais qui a désormais pour centre d'intérêt la dé/reconstruction de la propre nature de l'homme par lui-même. Il s'agit là d'une posture inédite qui est en droite ligne de ce que Sloterdijk a appelé l'« élan vers le pire », c'est-à-dire une vision axiologique masochiste et cynique fondée sur la quête frénétique et permanente du pire.

---

[107] Pour avoir d'amples informations sur le statut ontologique de l'embryon, l'on peut se référer à une étude plus fouillée que j'ai faite dans mon essai philosophique intitulé *Les défis de la bioéthique à l'ère « éconofascite ». Décryptage d'une prise en otage par des intérêts économico-idéologiques*, Paris, L'Harmattan, 2009.

Au demeurant, il se dégage des droits de l'homme définis par Robertson et Dworkin un confusionnisme sémantique monumental : on a l'impression en effet qu'ils confondent besoins, intérêts et droits. Or un besoin ou un intérêt est une inclination, une pulsion et une impulsion égoïste dictée à la fois par l'instant et l'instinctivité. Les intérêts, essentiellement fongibles, fluctuants et évanescents, puisque gouvernés par la conjoncture, sont susceptibles d'être échangés les uns contre les autres sur le marché mondial des désirs, suivant l'opportunité. En revanche, le droit dépasse de loin l'intérêt, parce qu'il revêt une dimension morale de première importance, en ce sens qu'il a pour fondement la raison dans sa quête du bien universel, au contraire de l'intérêt qui est régi par l'instinct, et donc qui ne recherche qu'un bien égoïste. La règle juridique, parce qu'assortie d'un principe idéal, c'est-à-dire une valeur, laquelle conduit à l'humanisation de l'agir humain, transcende la réalité empirique pour s'installer dans l'impersonnalité, l'universalité et l'abstraction. Les droits, quoique rarement absolus, la société étant par essence dynamique, sont moins flexibles parce qu'il est difficile de leur assigner une valeur économique.

La mécanique confusionniste et assimilationniste délibérée ou non, dont font montre ces juristes prestidigitateurs américains a fait dire à leur compatriote, Francis Fukuyama, que « plus que les autres peuples, les Américains tendent à confondre droits et intérêts[108] ». Ils transforment chaque désir en un droit non limité par les exigences de la vie communautaire. Les intérêts, en effet, parce qu'ils poursuivent un bien égoïste, se heurtent fatalement au bien général incarné par la normativité sociale.

Cependant, le biojuridisme nihiliste n'est pas l'apanage des seuls scientifiques ou des juristes, les parents y ont aussi

---

[108] F. Fukuyama, *op.cit.*, p.193.

une part très active. Ainsi, concernant les parents privés d'enfant, c'est-à-dire qui présentent une incapacité naturelle ou accidentelle à procréer, la possibilité qu'apporte la biomédecine de répondre à leur désir par les méthodes de procréation assistée les pousse à ignorer d'autres considérations, de nature éthique ou sociale. Ici, la rencontre du désir individuel et du pouvoir technique débouche sur l'idée d'un « droit à » l'enfant, droit qui n'est pas sans poser de problèmes éthiques. Sur le plan éthique précisément, la question porte sur l'idée même d'une technique de procréation artificielle. Celle-ci déshumanise la procréation, qui perd son caractère naturel. La logique instrumentale de la domination technicienne de l'homme intervient dans ce qu'il y a de plus intangible dans la nature, à savoir la vie. « La vie, écrit Michel Terestchenko, est fondamentalement un don, et ne peut être, par définition, un dû, un droit, de quel droit le non-être a-t-il à l'être ?[109] ».

Michel Terestchenko dénonce ainsi la mutation illégitime du pouvoir, du possible (la maîtrise technique de la procréation) au droit, conçu en termes de droit subjectif, c'est-à-dire comme prérogatives dévolues à un individu en tant que sujet de droit ; ce droit est même envisagé comme une forme d'extension des droits de l'homme. Une flexibilité et une plasticité juridiques qui correspondent à la banalisation des droits de l'homme, dont l'une des conséquences est la dénaturation de ceux-ci. Le désir, suscité par la technique, se fait fondement de droit. Il y a là un renversement porteur de graves dangers.

Mais à bien regarder, la logique marchande entretenue par le néolibéralisme ambiant, n'est pas absente dans l'étiologie qui préside à l'émergence de cette nouvelle génération des droits de l'homme pour le moins atypique. Elle est bien

---

[109] Michel Terestchenko, *Philosophie politique. Ethique, science et droit*, troisième édition, Paris, Hachette Livre, 2001, p.131.

perceptible dans la problématique de la brevetabilité du vivant.

II. Est-il légitime de breveter la découverte des paramètres biologiques ?

La problématique de la brevetabilité du vivant suscite une vive polémique au sein de la classe bioéthique internationale. D'un côté, l'on a ses adeptes ou ses partisans et, de l'autre, des résistances à ce qui s'apparente à une escroquerie juridique.

II.1. Les partisans du brevetage du vivant

Bien qu'il soit normal et logique dans l'évolution historique des choses, au goût de ceux qui sont partie prenante dans la recherche biotechnologique industrielle, il n'en demeure pas moins vrai que « le brevetage du vivant relève d'une démarche conceptuelle impensable voici seulement quelques décennies[110] ». La perspective de la brevetabilité du vivant témoigne d'une évolution très profonde de la représentation que certaines personnes, de façon générale, et les scientifiques, en particulier, se font de la science, de la nature et de l'être humain. Cette évolution rend possible et porte le mouvement de la brevetabilité au moins autant que les arguments pragmatiques avancés pour la justifier. La science telle que conçue traditionnellement, permettait d'établir un distinguo net entre la science entendue comme activité pure, théorique, voire théorétique ou contemplative, et la technique conçue comme une application de la science. Dans cette perspective, la science était isolée dans la sphère idéale et désintéressée. Elle était alors le savoir pour le savoir. La science contemporaine vient radicaliser la

---

[110] G. Hottois (sous la direction de), *Les mots de la bioéthique. Un vocabulaire encyclopédique,* Bruxelles, De Boeck-Wesmael, 1993, p. 58.

rupture amorcée par Galilée[111] au XVIIe siècle dans la conception et l'orientation qui était originellement donnée à la science : elle est désormais « technoscience », c'est-à-dire qu'elle ne découvre en vue d'inventer et de produire ; elle devient ainsi un savoir éminemment intéressé.

Par ailleurs, la science devenue technoscience est aujourd'hui profondément ancrée dans la société globale, de sorte que ses productions ou ses « découvertes-inventions » ont débouché sur une mutation de l' *ethos* de celle-ci. « C'est pourquoi, souligne G. Hottois, l'idée de breveter jusqu'à l'information même (par exemple en ce qui concerne le séquençage du génome humain), n'apparaît pas *a priori* déplacée. Corrélativement, la représentation de la nature – du vivant en particulier – a subi une évolution telle que les oppositions traditionnelles entre "nature" et "artificiel", "donné" et "produit", "vivant" et "vivant" et "machine" ou "animé" et "inanimé" sont devenues floues[112] ». C'est dire qu'avec l'avènement des biotechnologies, la notion d'altérité de la chose par rapport au vivant est battue en brèche, en ce sens que les deux réalités ontologiques sont manipulables, reconstructibles, synthétisables et simulables ; elles sont la résultante d'une évolution, c'est-à-dire d'un processus de construction/destruction/reconstruction que l'être humain peut prolonger ou imiter, en tant que relayeur dans la

---

[111] Galilée introduit au XVIIe siècle une rupture dans le projet « occidental » de science, par l'introduction des mathématiques et l'expérimentation dans le champ scientifique. Ainsi, la science « occidentale », qui était essentiellement théorique et théorétique dans l'Antiquité grecque, et qui a connu quelques balbutiements pratiques au Moyen Age, est désormais opératoire. Cette opérativité va se radicaliser à partir du XXe siècle, où l'on assiste à l'avènement de la « technoscience », qui traduit l'enchevêtrement entre le pôle technique et le pôle scientifique ; mais, dans cette imbrication, c'est le pôle technique qui détermine le pôle scientifique, c'est-à-dire la recherche fondamentale. Voir à ce propos G. Hottois, *Le signe et la technique*, Paris, Aubier, 1984.

[112] G. Hottois, *Les mots de le bioéthique*, *op. cit.*, p. 585.

production. La nature devient *ipso facto* un fonds ou un soubassement épistémique, un socle épistémologique exploitable, pour reprendre le vocabulaire du structuraliste Michel Foucault. Le vivant est quant à lui instrumentalisé et inséré dans un réseau artificiel où s'opère aussi, sous la poussée des biotechnologies principalement, une naturalisation ou « physicalisation » du vivant humain. Ce faisant, ce dernier s'autorelègue au statut de « produit-objet » de la nature à la merci des manipulations biotechnologiques, une autoflagelation masochiste, en somme.

Voilà donc l'argumentaire philosophique et idéologique sur lequel se fondent les partisans de la brevetabilité du vivant pour justifier leur prise de position. Il s'agit pour l'essentiel des arguments qui prennent appui sur la situation existante dans les sociétés capitalistes ou néolibérales, dans lesquelles il existe un lobbying d'inspiration économico-financière forgé par des industriels opérant dans les biotechnologies en partenariat avec des scientifiques, qui promeuvent l'idée et la pratique du brevetage du vivant tout en tendant « à faire passer le fait en droit[113] » ; l'objectif étant, nous l'avons dit, de s'approprier et d'exploiter les gènes rares et précieux parmi les ressources végétales et animales, voire humaines. Le lobby qui se cache derrière cette approche de la brevetabilité du vivant est de plus en plus puissant aujourd'hui dans la réflexion bioéthique.

G. Hottois résume ses arguments justificatifs sur la pratique du brevetage du vivant de la manière suivante :

a) l'existence de la concurrence dans le domaine de la Recherche et Développement (RD) et la nécessité d'en tenir compte, si l'on veut rester compétitif ;

b) le coût de la recherche et la nécessité légitime de rentabiliser les investissements considérables consentis ;

---

[113] *Ibid.*

c) l'affirmation suivant laquelle concurrence et profit constituent les moteurs bien plus puissants de la recherche technoscientifique que le souci désintéressé du savoir ;

d) l'affirmation selon laquelle il n'y a pas de progrès réel que technoscientifique et que c'est de celui-ci que viendront un jour les solutions aux problèmes du tiers-monde et aux souffrances de la condition humaine en général, de telle sorte que tout ce qui dynamise et régule efficacement la recherche technoscientifique est finalement souhaitable et légitime.

Mais cette panoplie de bonnes intentions envers l'humanité, qui cachent mal le fétichisme scientiste et les appétits mercantilistes de ses tenants, ne vont pas sans résistances.

II.2. Les résistances au brevetage

Selon la doctrine juridique traditionnelle, les découvertes scientifiques des lois de la matière et de la vie ne peuvent être appropriables, par conséquent, elles ne peuvent être protégées par des brevets. L'article 7 de la loi française du 2 janvier 1968 dispose que : « [...] Ne constituent pas, en particulier, des inventions théoriques ou purement scientifiques [...] ». Ces découvertes nous font connaître en effet les propriétés et les lois de la nature elle-même, sans que l'homme ait créé ou inventé ces propriétés ou ces lois.

Résumant la règle juridique séculaire, Bernard Edelman, dans un article au titre fort à propos « Vers une approche juridique du vivant », écrit : « qu'il s'agisse de la nature inanimée (règne minéral) ou animée (règles végétal et animal), ce qui constitue sa structure n'est pas brevetable, dans la mesure où elle obéit à des lois indépendantes de l'homme[114] ».

---

[114] Bernard Edelman, « Vers une approche juridique du vivant », in *La Nature, le droit et l'homme*, Paris, Christian Bourgeois, 1988, p.66.

Or cette définition de l'autonomie de la nature, qui interdit d'en breveter la connaissance théorique, porte en elle-même son propre renversement. En effet, une telle définition est anthropocentrique, elle envisage la nature « au regard de l'activité humaine », comme, précisément, ce qui lui échappe. La nature, c'est ce qui est donné, ce que l'homme ne peut créer, mais seulement connaître. La nature échappe à l'homme parce qu'il n'en est pas l'origine, le créateur. Certes, il se l'approprie par le travail, comme le disait Locke, ou par l'activité de l'esprit, selon Hegel, mais ces activités ne créent pas la nature, qui est d'abord donnée comme pure immédiateté.

Ainsi, les résistances au brevetage du vivant les plus significatifs sont d'origine traditionnelle, religieuse et métaphysique. Elles se résument à une conception de la nature qui vibre, pour ainsi dire, en opposition de phase avec celle de ses partisans. Pour les résistants en effet, « la nature est créée ou, en tout cas, donnée, et l'humanité en a la jouissance limitée, conforme à sa propre finitude, qui exclut toute exploitation, appropriation et reconstruction intégrales ou sans limites[115] ». Ce qui signifie que la prétention qu'a l'homme de dompter et de dominer littéralement la nature pour en devenir maître et possesseur, selon le vœu de René Descartes, n'est qu'une vue de l'esprit, eu égard à sa nature d'être limité et fini. Et si l'homme est un être limité et fini, alors la marge de manœuvre qu'il a vis-à-vis de la nature ne peut être que limitée et finie elle aussi. Toute exploitation, appropriation et reconstruction absolues de la nature est donc incompatible avec l'essence de l'homme.

Entre l'inanimé, qu'il soit naturel ou artificiel, et le vivant, soutiennent les opposants au brevetage du vivant, aucune confusion n'est possible ; car il existe entre les deux une différence ontologique, c'est-à-dire qui tient à leurs essences

---

[115] Gilbert Hottois, *Les mots de la bioéthique, op.cit.*

respectives, et qui réside précisément dans l'animation ou le mouvement, les religieux parleront du souffle de vie. Cette différence ontologique prend toute son ampleur et toute sa plénitude chez le vivant humain ; ce caractère sacré reconnu massivement ou suivant une échelle allant croissant du micro-organisme par exemple à l'être humain, implique une intangibilité plus ou moins absolue, et donc l'interdiction d'objectiver, d'instrumentaliser, de manipuler et de s'approprier, si ce n'est dans les limites rigoureusement déterminées. En somme, c'est la différence ontologique entre l'inanimé et le vivant, le caractère sacré de la nature, du vivant, principalement du vivant humain, le caractère limité de la volonté humaine et de la puissance technoscientifique, qui fondent la position de résistance à l'homogénéisation techno-économique universelle. Cette dernière nourrit chez les résistants la conviction que « la transgression de ce sacré est toujours néfaste et entraînera des conséquences apocalyptiques si elle va trop loin[116] ».

Par ailleurs, l'on note comme une collusion entre la recherche et le marché, en ce sens que l'idéal de recherche désintéressée, c'est-à-dire le savoir pour le savoir se perd définitivement. L'on est alors en droit de s'inquiéter que cette perversion de la quête du savoir comme quête universelle en des volontés particulières de domination et de profit, ne freine, voire ne tarisse la science. Celle-ci pourrait ne plus s'intéresser qu'à la promotion des recherches rentables et ne se soucier que des aspects du vivant exploitables. En plus, le brevetage est un danger insoupçonnable pour le progrès des sciences, dans la mesure où il implique nécessairement des interdits et des protections allant à l'encontre de la libre circulation des informations et des acquis scientifiques. Il devient alors impératif de dénoncer ce détournement en direction des intérêts particuliers, à la fois de la nature et du

[116] *Ibid.*

savoir, conçus traditionnellement dans une perspective universaliste.

En fin, les objections au brevetage du vivant s'alimentent aussi du refus et du rejet de la société technicienne, hypermarchande, juridicisée, et ayant perdu tout sens du sacré, et donc des valeurs qui ne seraient pas monnayables et techniquement productibles. En fait, le brevetage du vivant obéit, nous l'avons dit, à une logique propre aux capitalistes, qui agissent à travers des industries biotechnologiques, avec l'appui et la bénédiction des hommes de science. Cette logique, à l'observation, fait remarquer G. Hottois, est de nature à promouvoir « l'injustice et les inégalités, l'exploitation du Sud par le Nord. Celui-ci entreprendrait aussi une appropriation de la biodiversité (végétale, animale, humaine), plus abondante dans le Sud, et une exploitation exclusive de celle-ci, plaçant les pays en voie de développement dans une infériorité définitive[117] ».

En clair, le brevetage du vivant n'est rien d'autre qu'une nouvelle forme de colonialisme entretenue par l'actionnariat privé international constitué des nouveaux maîtres du monde, à savoir les capitalistes, dans le but de maintenir les pays du Sud dans leur état de pauvreté et d'éternels assistés en les spoliant de leur biodiversité.

III. Le brevetage du vivant : une forme de néocolonialisme ?

A dire vrai, il ne reviendrait à l'esprit de personne de penser que le colonialisme soit de retour. Cette entreprise barbare, l'humanité croyait s'en être débarrassée à tout jamais au XIXe siècle. Ce sentiment généralement partagé n'était pas totalement faux, car beaucoup d'événements historiques donnent effectivement à penser que le colonialisme est

[117] *Ibid.*

définitivement mort : « non seulement nous sommes sortis du cycle amer des guerres coloniales et des luttes de libération, mais nous consentons peu à peu à une forme de *repentance* historique sincère. L'Amérique à propos du Vietnam, la France au sujet de l'Algérie ou du continent noir, l'Angleterre au Proche-Orient, la Russie elle-même aux marches de son ancien empire[118] ». Toutes les puissances occidentales semblent manifester du remords au sujet de leur aventure coloniale ou impériale passée. Même la politique de mondialisation, qui est assortie du rouleau compresseur économique ultralibérale, ses géniteurs se relayent sur les tribunes des conférences internationales pour clamer leur bonne foi en la présentant comme dénuée « de tout néocolonialisme ».

Pourtant, à l'observation, par le biais des biotechnologies, affirme Jean-Pierre Guillebaud, « une nouvelle pratique mondiale se met en place, qui n'est pas sans rappeler, *mutatis mutandis*, la logique coloniale d'autrefois[119]». Son mécanisme de fonctionnement repose sur les industries biotechnologiques, qui sont présentées comme « la puissance de demain ». Elles représentent un marché de plusieurs centaines de milliards de dollars, et le meilleur est à venir. « Celui qui contrôlera les gènes contrôlera le XXIe siècle », prévient Jeremy Rifkin[120]. La biologie génétique s'apparente aujourd'hui à un gigantesque *business*, qui donne lieu à une compétition internationale acharnée et féroce. La presse américaine compare souvent, non sans raison, ce boom industriel à la ruée vers l'or du XIXe siècle. Pour faire allusion à cette fortune des temps modernes, les journalistes parlent de « génodollars », en référence aux masses de « pétrodollars » générés par les chocs pétroliers de 1974 et 1979. Le vaste marché génétique, longtemps dominé par les

---

[118] J.-P. Guillebaud, *Le principe d'humanité*, *op. cit.*, p. 255.
[119] Ibid.
[120] J. Rifkin, cité par J.-C. Guillebaud, *ibid.*

États-Unis d'Amérique, est actuellement pris d'assaut par de nouveaux acquéreurs, qui se recrutent aussi bien dans des pays développés que dans des pays émergents : Grande Bretagne, Allemagne, France, Brésil et Inde. Les États-Unis comptaient en novembre 2000, des milliers d'entreprises spécialisées en ingénierie génétique, dont trois cents dans le seul État du Maryland, sur la côte Est. La Grande Bretagne, tête de proue en Europe, en abrite déjà plus de cent soixante, ce qui représente plus de la moitié de toutes les entreprises similaires sur le continent. La France, pour sa part, a mis sur pied un pôle de recherche biotechnologique à Ery, près de Paris, déjà présenté comme une *Genetic Valley* à la française. En Inde, c'est depuis 1986 que le gouvernement a encouragé la recherche biotechnologique, en créant tout un ministère spécialisé et en favorisant la formation universitaire[121].

Ces industries biotechnologiques s'investissent tant dans l'agroalimentaire que dans la santé ou le *pharming*, c'est-à-dire l'élevage d'animaux en laboratoire. En lieu et place du fer, du cuivre, de la bauxite ou du phosphate, qui étaient jadis les matières premières pour les industries, se trouvent désormais les gènes sur lesquels est fondée l'activité des industries biotechnologiques. Ils appartiennent à toutes les trois espèces du vivant, à savoir le végétal, qui comprend les semences, la biodiversité, etc., l'animal, comprenant les espèces transgéniques, et l'humain sur lequel est opéré le séquençage du génome.

Ainsi donc, comme le souligne Guillebaud, « une gigantesque course aux gènes est engagée sur toute la planète[122] ». Elle oppose les quelques sociétés que nous venons d'évoquer et bien d'autres encore, l'objectif étant, au risque de nous répéter, de s'approprier et d'exploiter le gène

---

[121] A. L. Tsala Mbani, *Biotechnologies et Nature Humaine. Vers un terrorisme ontologique ?*, *op. cit.*, p. 81-82.
[122] J.-C. Guillebaud, *op. cit.*, p. 256.

rare, la bactérie utile, la semence efficace, l'espèce animale précieuse ou l'information tonique par le décodage ou « le déchiffrement du grand livre de la vie[123] » qu'est le génome, pour reprendre l'expression de Yves Michaud, grâce à la brevetabilité du vivant. Ainsi, tout ce qui faisait partie de ce que Jean-Claude Guillebaud appelle « la belle gratuité du monde », les *res nullius* du droit romain, devient aujourd'hui privatisable. Ce dont il est question, c'est le partage du « nouvel Eldorado » génétique au prorata du poids financier de chaque multinationale ; son exploitation judicieuse et harmonieuse nécessite un quadrillage juridique, une privatisation des périmètres, un estampillage commercial, etc.

Il faut cependant le dire avec force, la privatisation et la confiscation des ressources végétales et animales par les firmes internationales, par le biais du brevetage, est une grossière injustice contre les paysans du Sud, car « ce que la génétique permet de confisquer, à travers par exemple une semence végétale ou une espèce animale, c'est une expérience humaine accumulée depuis des siècles[124] ». Cette expérience, c'est celle accumulée par les éleveurs africains ou des riziculteurs asiatiques qui, au fil des générations, ont pu acquérir un savoir empirique qui s'est concrétisé par la sélection patiente des semences ou des espèces, dont le génome est devenu séquençable, donc brevetable et commercialisable. Cette appropriation, ou mieux, cette expropriation est occasionnée par une « étrangeté juridique » qui frise un « racisme inconscient ». Si non, comment comprendre que l'expérience accumulée par les paysans du Sud ne vaut pas comme un « droit de propriété intellectuelle », alors que le travail de quelques généticiens en blouse blanche est immédiatement brevetable ? Il s'agit là, visiblement, d'une politique de « deux poids deux mesures ».

---

123 Y. Michaud, *op. cit.*, p. 103.
124 J.-C. Guillebaud, *op. cit.*, p. 256.

Tout simplement parce que les néocolonialistes du Nord réduisent la biodiversité génétique du Sud à une « donnée brute », à « un matériau primaire datant de l'Âge de pierre et, donc, sans valeur[125] » ; une matière première sur laquelle on peut faire des inventions inédites.

Or Axel Kahn, généticien émérite mondialement connu et reconnu, affirme sans fioriture que la détermination des caractéristiques génétiques du vivant n'est pas une invention brevetable, revendiquer cette dernière obéit moins à des préoccupations purement scientifiques qu'à des préoccupations mercantiles. Car, dit-il, « les biotechnologies modernes reposant sur la connaissance des gènes font espérer un marché dont on prévoit qu'il pourrait atteindre les quatre à cinq milliards de dollars dans la décennie qui vient. Il semble donc rentable d'assimiler la connaissance des gènes à des objets virtuels brevetables. C'est ce qui est fait et près d'un million de séquences génétiques d'origines diverses, humaines et non humaines, font l'objet de demandes de brevets dont quelques milliers ont déjà été accordés[126] ».

Dès lors, ajoute-t-il, la stratégie adoptée par des généticiens, consiste à présenter toute idée d'un intérêt économique qui acquiert une « consistance de réalité », à l'instar du brevetage du vivant, comme jouissant d'une légitimité morale. Il y a donc chez certains généticiens intervenant dans la réflexion bioéthique, une tendance à faire passer le fait profitable en loi morale, c'est de cette manière que l'idéologie néolibérale gangrène insidieusement ce champ épistémologique. « Le même mécanisme mental s'applique à tous les domaines où une avancée scientifique et technique est "valorisable" et susceptible de déboucher sur un marché profitable, tout en soulevant des objections morales.

---

[125] *Ibid.*, p. 257.
[126] A. Kahn, *L'homme, ce roseau pensant... op. cit.*, p. 180-181.

Pensons au clonage humain, à la vente des embryons testés, etc.[127] ».

La mutation du principe de réalité en principe moral, en vertu du principe de rendement, par des scientifiques, comme c'est le cas du brevetage du vivant, fait dire à Yves Michaud que la communauté des chercheurs « est traversée de lobbies, et pas seulement intellectuels. Elle n'ignore pas les intérêts économiques, que ce soit sous la forme de la concurrence pour le financement des recherches, ou sous celle de son exploitation. Elle est vulnérable aux effets de gloriole et de vanité[128] ». Et ce sont précisément ces lobbies à connotation économique et financière qui polluent les débats au sein de la classe bioéthique institutionnelle, où des scientifiques et même des non scientifiques, sur lesquels nous reviendrons, viennent non pas pour débattre lucidement et objectivement des problèmes éthiques suscités par les avancées biotechnologiques, à l'instar ceux liés au clonage thérapeutique ou encore à la vente des embryons testés, pour reprendre les exemples cités par Axel Kahn, mais plutôt pour justifier toutes les innovations biotechnologiques réalisées ou en cours de réalisation. Voilà pourquoi Francis Fukuyama affirme, parlant des « sages » que constituent les membres des comités de bioéthique, que « nombre d'entre eux ne sont désormais rien d'autre que des justificateurs sophistiqués – et souvent sophistes – de tout ce que la communauté scientifique entend réaliser[129] ».

En tout état de cause, la nouvelle injustice dont est victime le Sud du fait du brevetage de sa biodiversité, est oublieuse de la vérité historique que se plaît souvent à rappeler l'Organisation mondiale contre la faim (FAO), à savoir que les pays du Nord ont largement profité, pour leur

---

[127] *Ibid.*, p. 181.
[128] Y. Michaud, *op. cit.*, p. 68.
[129] F. Fukuyama, *op. cit.*, p. 354.

développement, du patrimoine biologique et, donc, du savoir paysan accumulé au Sud. C'est ainsi que, par exemple, l'agriculture américaine fut mise sur pied grâce aux ressources génétiques délibérément importées des quatre coins du globe, puisque la seule espèce digne d'intérêt dont l'Amérique du Nord peut se targuer d'être propriétaire est le tournesol. « En toute logique, écrit Jean-Claude Guillebaud, l'Amérique devrait se sentir tenue de rembourser sa dette génétique au reste du monde. C'est tout le contraire qui se passe[130] ».

La nouvelle menace à laquelle les pays en voie de développement devront désormais faire face est donc l'exploitation génétique de leurs ressources végétales et animales. Ce faisant, le « nouveau pacte colonial » n'aura probablement plus pour cible leurs matières premières, mais plutôt « le patrimoine immatériel de leurs gènes[131] ». Dans cette perspective, une semence venant d'Afrique pourra, après séquençage et amélioration, devenir « propriété » d'un grand laboratoire biotechnologique, et être revendue à prix d'or, sous forme de brevet d'exploitation, au même pays qui l'a vu naître. Il s'agit purement et simplement d'un « biopillage » aux relents colonialistes opéré à ciel ouvert du fait de la brevetabilité du vivant. Les régions tropicales d'Asie, d'Afrique et d'Amérique constituent aujourd'hui d'immenses viviers de biodiversité qui aiguisent les appétits génétiques des groupes industriels du Nord et les incitent à une nouvelle forme de conquête. Selon des indications données en 1996 par l'Organisation mondiale de la propriété intellectuelle (OMPI), les particuliers et les firmes des pays industrialisés, tous domaines confondus, détiennent 95% des brevets d'Afrique et 70% de ceux d'Asie[132]. Il est donc manifeste que le brevetage du vivant donne lieu à une

---

[130] J.-C. Guillebaud, *op. cit.*, p. 257.
[131] *Ibid.*, p. 258.
[132] *Ibid.*, p. 260-261.

privatisation de l'entreprise coloniale, puisque celle-ci n'est plus l'œuvre des États mais du privé ; c'est cela aussi l'« éconofascisme » contemporain caractérisé par un totalitarisme de l'actionnariat privé international, qui se traduit, dans ce contexte, par l'éviction de l'État de l'initiation coloniale.

Au total, la brevetabilité du vivant relève d'une escroquerie juridique fomentée par des industries biotechnologiques occidentales de connivence avec des chercheurs pour spolier les paysans du Sud de toute leur biodiversité, dont la constitution est pourtant la résultante d'une longue et riche expérience millénaire. Cette entreprise néocoloniale est révélatrice du degré d'autonomie, de pouvoir et de puissance qu'a acquis l'économie transnationale contemporaine. Cette dernière ne se prive pas de prendre les gènes du vivant végétal, animal ou humain en otage, en s'en appropriant, en les brevetant à titre de propriété intellectuelle, voire en les marchandisant, comme c'est le cas des cellules souches hématopoïétiques, notamment le sang placentaire, des ovules, des tissus, des gamètes, voire des embryons testés, qui génèrent de gros profits commerciaux aux investisseurs propriétaires des banques d'organes et de produits du corps humain appelées bio-banques, et aux scientifiques, ces derniers ne manquent d'ailleurs pas de revendiquer la légitimité morale de leur besogne.

Au demeurant, il nous est apparu tout au long de l'analyse qui a prévalu dans cette deuxième partie de notre réflexion que les prouesses opérées au sein de la biomédecine en termes de régénération cellulaire ou de procréation artificielle, ont généré des fantasmes et des espérances de tout acabit dans l'opinion publique ; laquelle dynamique fantasmatique a prêté le flanc à une industrie des droits de l'homme que nous avons qualifiée de bâtarde ou de nihiliste, en ce sens qu'elle ne repose ni sur le droit naturel inspirateur de la philosophie contractualiste, ni sur la raison génératrice des trois générations classiques des droits de l'homme que nous avons pu décrypter et analyser dans la première partie de cet essai. Mais un regard scrutateur nous permet sans doute de nous rendre compte que l'étiologie de la crise des fondements des droits de l'homme est à rechercher dans l'éthique marchande qui gouverne notre contemporanéité néolibérale mondialisée. C'est dire que les mécanismes juridiques de notre époque sont l'expression d'une émancipation vis-à-vis du socle moral sur lequel tout système juridique digne de ce nom est censé être adossé, du fait du pragmatisme et de l'utilitarisme dont est assortie l'éthique marchande ultralibérale.

TROISIEME PARTIE

POUR UN REENRACINEMENT MORAL DU DROIT

Techniquement, le mot droit est susceptible de deux acceptions, c'est-à-dire de deux significations. Il vise, d'une part, l'ensemble des règles qui gouvernent l'activité humaine dans une société organisée et dont l'inobservation est sanctionnée par une contrainte exercée par l'autorité publique. Dans ce premier sens, on parle également de droit objectif ou positif, ou encore, mais rarement, de l'ordonnancement juridique ou de l'ordre juridique.

D'un autre côté, le droit désigne les prérogatives que le droit objectif reconnaît, sous la protection des pouvoirs publics, à un individu en sa qualité de sujet de droit. Dans ce second sens, il ne s'agit plus du droit au singulier, mais plutôt des droits. On parle d'ailleurs, ici, des droits subjectifs.

Mais pour aller un peu plus loin dans la définition de la notion de droit, il faut dire avec Emile Littré, auteur d'un dictionnaire de la langue française à succès, que « le droit est l'ensemble des règles qui régissent la condition de l'homme en société ». Il est d'ailleurs communément admis, par les juristes, que le droit existe depuis qu'existent les sociétés humaines. C'est le sens de l'adage latin *ubi societas ibi jus*. De ce que le droit est consubstantiel à l'existence des sociétés humaines, il découle que le droit objectif ou positif, la règle de droit, est avant tout une règle de conduite humaine. En conséquence, il est tout à fait indiqué d'établir un parallèle entre elle et cette autre règle de conduite humaine qu'est la règle morale, qui en est d'ailleurs le fondement.

La morale se définit comme « la science du bien et du mal, la théorie de l'action humaine en tant qu'elle est soumise au devoir[133] ». Le droit et la morale ont des interférences certaines. Ainsi, par exemple, le droit punit bien des comportements réprouvés par la morale, tels que les crimes.

[133] Paul Robert, *Dictionnaire alphabétique et analogique de la langue française*, v° « morale ».

En outre, le droit consacre par des prescriptions légales certains préceptes moraux. Exemple : l'obligation de respecter les engagements librement souscrits, l'obligation d'agir avec bonne foi (article 1134 du Code civil). Le droit renvoie même d'une façon générale au respect des « bonnes mœurs » dans tous les engagements privés. Le droit a par conséquent un fondement moral, qui est gage de sa légitimité et de son autorité. Le droit, nous l'avons indiqué tantôt, dépasse de loin l'intérêt, parce qu'il revêt une dimension morale de première importance, en ce sens qu'il a pour fondement la raison dans sa quête du bien universel, au contraire de l'intérêt qui est régi par l'instinct, et donc qui ne recherche qu'un bien égoïste. D'où vient-il alors qu'on en arrive à confondre le droit et l'intérêt ou le besoin dans l'appareillage juridique contemporain ? Le dévoiement de la règle juridique auquel on assiste aujourd'hui, n'est-il pas le signe que les logiques marchande, utilitariste et pragmatiste implémentées par l'ultralibéralisme ambiant ont pris en otage l'ordre juridique, lequel s'est toujours adossé sur les vertus de la loi morale ? La position de ce problème est l'expression d'un désarroi face à la crise des fondements du droit, notamment des droits de l'homme, c'est-à-dire le dessèchement spirituel ou symbolique des instruments juridiques mis au point par ceux que nous avons joliment appelés les prestidigitateurs du droit, lesquels sont à la solde des intérêts de l'actionnariat privé international. Celui-ci développe une éthique marchande qui infeste littéralement l'ordonnancement juridique contemporain relatif à la dynamique biomédicale. D'où la nécessité de ré-enraciner ce nouvel ordonnancement juridique à l'ordre moral, afin que le droit revêtisse toute sa charge morale, sociale, voire humaniste d'antan, et dont il n'aurait jamais dû se défaire. C'est, en tout cas, tout le projet de la troisième partie de cet essai.

CHAPITRE V

L'ETIOLOGIE DE LA CRISE DES FONDEMENTS DES DROITS DE L'HOMME : L'ETHIQUE MARCHANDE NEOLIBERALE EN QUESTION

Il est question d'examiner les circonstances dans lesquelles le néolibéralisme est né, où nous verrons qu'il est principalement une émanation de la volonté du gouvernement américain.

I. Une initiative de l'hyperpuissance étasunienne

L'idéologie néolibérale a vu le jour à la suite des négociations au sein du groupe des sept pays les plus industrialisés du monde dénommé G7 au début des années 1980, par l'entremise de leurs gouvernements respectifs, même si Frederic Jameson décèle les premiers germes de ce « capitalisme tardif » dès la période qui succède à la deuxième Guerre Mondiale, c'est-à-dire dans les années cinquante, « lorsqu'on se releva, dit-il, des pénuries de la guerre en biens de consommation et en pièces détachées et qu'on put lancer de nouveaux produits et de nouvelles technologies (notamment celles des médias)[134] ». Quoi qu'il en soit, le groupe des géniteurs directs est constitué des États-Unis, du Canada, du Japon, de la Grande Bretagne, de l'Allemagne, de la France et de l'Italie. Toutefois, il ne faut pas se leurrer, la formulation et l'adoption de cette politique économique ont été faites à l'initiative des « maîtres de la terre », à savoir les États-Unis d'Amérique, qui sont de loin le pays le plus puissant d'entre eux. Cette doctrine économique,

[134] F. Jameson, *Le postmodernisme ou la logique culturelle du capitalisme tardif*, Paris, Editions Beaux-arts de Paris, 2007, p. 29.

qu'on se le dise bien, a été mise sur pied pour soutenir la politique de mondialisation, dont l'hyperpuissance étasunienne[135] assure également les commandes.

L'esprit du néolibéralisme repose sur un certain nombre d'idéaux qui constituent le socle même de la politique de mondialisation, à savoir apporter le bien-être aux peuples du monde par l'ouverture des frontières, la libéralisation du commerce et de la finance, la déréglementation et les privatisations ; favoriser le recul des dépenses publiques et des impôts au profit des activités privées, la primauté des investissements internationaux et des marchés financiers ; bref, catalyser le déclin du politique et de l'État au profit des intérêts privés. Voilà donc, sommairement, les termes de l'acte de naissance du néolibéralisme, qu'on a baptisé le

[135] Ce que nous avons parfois tendance à oublier, c'est que, au-delà de la puissance économique et militaire des États-Unis d'Amérique, qui leur confère, dans une certaine mesure, le pouvoir de gouverner et de piloter la marche des affaires du monde, ce pays n'a jamais été une puissance coloniale à proprement parler, au même titre que la France, la Grande Bretagne, l'Allemagne, etc. ; l'épisode du Vietnam n'était qu'une manifestation des velléités impérialistes non réussies d'ailleurs. Pour cela, on a l'impression, à le voir agir sur la scène internationale, qu'il est animé par l'envie de prendre sa revanche sur l'histoire. L'actualité internationale de ces dernières années est assez éloquente à ce propos, notamment son intervention militaire en Irak, entre autres, sous le prétexte problématique de l'armement nucléaire de ce dernier, et de la lutte contre le terrorisme ; un terrorisme dont on sait aujourd'hui qu'il est généré par les mécanismes de fonctionnement du néolibéralisme. Ce dernier a en effet occasionné la construction des paradis fiscaux, sorte de zones de non-droit et de passe-droit dans lesquelles les Américains ont eux-mêmes des intérêts, et qui financent le terrorisme international. C'est dire que l'ultralibéralisme a donné naissance à une « économie criminelle », c'est dire aussi que le terrorisme est « le fruit empoisonné de la mondialisation néolibérale ». Voir à ce propos, R. Passet et J. Liberman dans *Mondialisation financière et terrorisme. La donne a-t-elle changé depuis le 11 septembre ?*, Paris, Editions Charles Léopold Mayer, 2002.

« consensus de Washington », qui est en fait une déclaration déclinée en dix points[136].

La mise en œuvre politique de cette doctrine économique a été faite dans une concomitance réglée comme du papier à musique : dès 1982, sous l'impulsion du président Reagen et de Madame Thatcher, toutes les embûches à la libre circulation des capitaux, à la libre fluctuation de leurs cours et à la spéculation étaient progressivement abolies à l'échelon planétaire.

Milton Friedman, prix Nobel américain d'économie et idéologue inconditionnel du néolibéralisme, en avait fait des promesses qui rappellent les prophéties des télé-évangélistes américains, destinées à convertir même le plus redoutable des incrédules : « la prospérité grâce à la libération des énergies individuelles, la résorption des inégalités du fait que les capitaux se porteraient spontanément vers les lieux où, les besoins étant moins bien couverts, les perspectives de profit y seraient plus grandes ; la stabilité autour du niveau indiqué par la parité du pouvoir d'achat des monnaies, grâce à la vente et à l'achat des devises respectivement trop chères ou bon marché par rapport à ce niveau[137] ». La prophétie s'était sans doute réalisée au niveau de la libération des énergies productives et la stimulation des activités. Mais quel est le sens d'une politique économique qui favorise la création des richesses qui ne profitent qu'à une minorité déjà suffisamment riche, en laissant la majorité croupir dans la misère la plus abjecte ? La résorption des inégalités dont parle Milton Friedman, est-elle possible dans un contexte où les capitaux ne s'orientent que vers les lieux où l'investissement est le plus rentable, c'est-à-dire les pays riches ? L'apparente naïveté dont le stratège de la doctrine néolibérale fait montre par rapport aux flux des capitaux

[136] *Ibid.*, p. 19.
[137] F. Milton, cité par R.Passet et J.Liberman, *ibid.*, p. 20.

mondiaux, semble être délibérée, sinon comment comprendre qu'un économiste de cette envergure puisse ignorer que les capitaux ne s'orientent pas vers les lieux où les besoins ne sont pas couverts, c'est-à-dire vers les pays pauvres, mais plutôt vers les lieux où la rentabilité est assurée ? Ces phénomènes économiques sont pourtant expliqués dans des manuels d'économie destinés aux débutants[138]. Il s'agit donc là, visiblement, d'une ignorance tendancieuse du prix Nobel américain d'économie.

Au demeurant, l'avènement du néolibéralisme est une initiative des États-Unis d'Amérique, certes. Mais il a bénéficié aussi des circonstances historiques liées à la mutation technologique qu'a connue le monde, notamment le développement prodigieux des Nouvelles Technologies de l'Information et de la Communication (NTIC).

II. La mutation technologique

L'émergence de l'idéologie néolibérale a bénéficié d'une conjoncture favorable à sa naissance et à son éclosion : l'époustouflante révolution technologique, qui a littéralement bouleversé les conditions économiques sur la planète. Le développement des Nouvelles Technologies de l'Information et de la Communication (NTIC), selon l'appellation consacrée à l'époque[139], dont l'ordinateur constitue le symbole et la pierre angulaire, « déplaçait les moteurs du développement du champ de l'énergie à celui de

---

[138] *Ibid.*

[139] On les appelle actuellement les Technologies de l'Information et de la Communication (TIC), du fait de leur vulgarisation. Mais cette nouvelle dénomination est assez problématique, parce qu'elle n'est valable que pour les pays développés, où ces technologies sont effectivement vulgarisées. En revanche, il existe des pays, notamment ceux en développement, où elles ont fait leur apparition il n'y a pas longtemps, par conséquent, elles sont nouvelles pour eux. C'est donc une appellation à relativiser.

l'immatériel : l'information, la formation, l'organisation, le savoir ; codes symboles et messages en devenaient les nouveaux vecteurs[140]». C'est ainsi donc qu'est née la nouvelle économie, différente aussi bien dans ses mécanismes de fonctionnement que dans sa structuration et ses performances. La nouvelle économie, qui est assortie de la mutation informatique et informationnelle, a charrié, cela va sans dire, d'immenses espoirs, parce que abolissant la notion d'espace et rapprochant les hommes. Ces derniers se sont sentis de plus en plus mondialisés, ils ont eu le sentiment d'avoir une communauté de destin, car le flux des capitaux annoncé devrait faire du monde une unité, où tout est interconnecté et interdépendant, vécu en temps réel. L'amélioration des performances de productivité vantée laissait caresser le doux rêve d'une meilleure couverture des besoins fondamentaux de tous les humains de la planète, sans exclusive, et celui de la perspective que l'homme soit relayé par la machine, dans le souci de réduire la pénibilité du travail ; sans oublier celui de réduire « les quantités de matière et d'énergie nécessaires par unité de produit national », et, par ricochet, réduire « les pressions exercées par l'appareil productif sur le milieu naturel[141] ».

Mais malheureusement, le doux rêve s'est très vite transformé en cauchemar, compte tenu de l'antagonisme des intérêts en jeu ; conflit d'intérêts qui, autrefois, était géré par l'État garant de l'intérêt général, aujourd'hui complètement vidé de sa substance, émasculé, au profit de l'actionnariat privé international régi par « l'axiomatique de l'intérêt[142] ». Le « capitalisme actionnarial » subordonne la rationalité au principe de rentabilité. C'est pourquoi Axel Kahn pense que les concepteurs du néolibéralisme se sont mépris en fondant leur système économique sur une conception réductrice de la

---

[140] *Ibid.*
[141] *Ibid.*, p. 21.
[142] P. Arondel, *op.cit.*, p. 32.

nature humaine, qui consiste à penser que l'homme n'est qu'un *Homo oeconomicus*[143], au détriment de sa dimension immatérielle, c'est-à-dire sa dimension morale, esthétique et spirituelle qui donnent un sens à son action économique.

III. Les fondements philosophiques

L'histoire de la pensée libérale nous apprend que « la lutte d'*Homo oeconomicus* à la poursuite de ses intérêts égoïstes constitue le déterminant principal des actions humaines[144]». Il s'ensuit que pour les libéraux, la définition de l'homme comme espèce *oeconomicus* correspond à la nature véritable des *Homo*. L'Américain Gary Becker fait partie de ce giron lorsqu'il associe le marché à la nature humaine : « Je dis que, martèle-t-il, l'approche économique donne un cadre unifié précieux pour comprendre tous les comportements humains[145] ». Même le mariage, par exemple, n'échappe pas à la logique du marché. Il analyse en effet le mariage comme une union entre deux individus en vue de maximiser le « rendement total » du ménage, en termes financiers (comme le revenu du travail ou de la propriété), en termes génétiques (comme la taille et l'intelligence), et en termes psychologiques (comme l'agressivité ou la passivité).

Cette conception matérialiste de la nature humaine conduit inéluctablement à établir une hiérarchie entre les différentes acceptions du mot valeur, voire à un délitement des valeurs, puisque celle de nature économique, tend à phagocyter les autres. La conséquence, souligne Axel Kahn, c'est « une réduction chromatique radicale de la palette d'évaluation de la qualité des actions et des fins humaines, à une univers psychique à une seule dimension, à une régression qui

---

[143] A. Kahn, *op.cit.,* 2007, p. 186.
[144] *Ibid.*, p. 161.
[145] G. Becker, *An Economic Approach to Human Behavior*, Chicago, 1976, p. 14.

constitue une tendance bien actuelle et une redoutable menace pour l'avenir[146]». Ainsi, l'économie marchande ultralibérale contemporaine, en muselant et en bâillonnant la dimension immatérielle de l'homme, qui donne un sens et donc qui humanise les actions et les aspirations humaines, au profit de la seule dimension économique ou matérielle régie par l'instinctivité, l'égoïsme et l'intérêt, ne peut fatalement que conduire l'humanité vers la régression et l'abîme. La vision économique selon laquelle la seule création des richesses est garante de l'amélioration de la condition humaine, tout projet relevant de l'ordre du possible et rentable est « désirable sans préjudice de son appréciation morale[147] », est absolument illusoire, car elle recèle en elle-même les germes de sa propre déconstruction. Nous y reviendrons.

Pour toute personne à mesure de se défaire de la vision imposée par le « prisme déformant » de l'ultralibéralisme, la réduction de l'*Homo sapiens* à ses aptitudes marchandes apparaît aussi absurde que de tenter de le réduire « à ses pulsions sexuelles, à son désir de puissance, à son investissement religieux, à son altruisme ou à son sens moral[148]». L'homme est un tout complexe dans lequel tous ces attributs essentiels s'imbriquent et s'enchevêtrent, sans que l'un d'eux puisse forcément primer sur l'autre, ou qu'il soit légitime de vouloir établir entre eux une quelconque hiérarchie. C'est pourquoi Axel Kahn pense, non sans raison, que toute « tentative d'imposer une domination de l'une des spécificités humaines sur les autres revêt toujours une dimension plus ou moins totalitaire[149] ». Dans le contexte économique, la survalorisation de la spécificité marchande de l'homme par les concepteurs de l'idéologie néolibérale,

---

[146] A. Kahn, *op. cit.*, p. 185.
[147] *Ibid.*, p. 181.
[148] *Ibid.*, p. 185.
[149] *Ibid.*

débouche sur le totalitarisme ou la dictature du marché, que nous appelons « éconofascisme ». Que l'on prenne la décision de faire prévaloir soit l'homme marchand, l'homme sexuel, l'homme social, l'homme religieux ou même le surhomme en quête de puissance, ce réductionnisme ontologique se fait toujours aux dépens de l'humanité de l'homme dont la saisie requiert une bonne dose d'humilité, eu égard à la complexité dont elle est assortie.

Il est évident que depuis les temps immémoriaux, les rapports économiques ont été et seront toujours déterminants dans la structuration, le fonctionnement et l'évolution des sociétés humaines. Chaque être humain, il est difficile de le contester, recherche toujours un intérêt dans une action économique, il s'agit d'une pente naturelle en vertu de laquelle la mise en branle de ses capacités marchandes est tout à fait légitime. Toutefois, cette recherche du profit doit se faire avec le concours des autres attributs essentiels de l'humain, car, nous l'avons dit, aucune spécificité humaine ne peut prétendre être érigée en valeur universelle si elle ne prend pas en compte l'existence des autres, l'homme étant une entité complexe, certes, mais aussi cohérente. Aussi Axel Kahn souligne-t-il qu'« il convient de dénoncer l'illusion selon laquelle cette finalité serait inutile puisque le jeu des égoïsmes individuels, considérés par l'idée libérale comme le seul moteur efficace des sociétés humaines, suffirait à garantir les vertus publiques et le bonheur[150] ». Il y a comme une absurdité dans la démarche des libéraux que stigmatise pertinemment le généticien et homme de culture français : c'est que, par définition, l'égoïsme est une inclination qui conduit à rechercher son intérêt et donc son épanouissement personnel en excluant celui de l'autre ; à partir de cette acception, il devient difficile de comprendre la position des libéraux qui allèguent que cette inclination égoïste,

[150] *Ibid.*, p. 186.

lorsqu'elle vient à être systématisée, constitue un facteur d'épanouissement et de bonheur collectifs, sans qu'on ne lui ait adjoint un supplément de vertu. Or sans ce dernier, c'est le plus fort ou le plus habile qui se taillerait la part du lion, un peu comme dans l'état de nature décrit par Thomas Hobbes dans *Le Léviathan*. Et c'est bien le scénario auquel on assiste aujourd'hui dans le flux des capitaux et des marchandises qui se fait quasi exclusivement entre les pays riches, dont les besoins à couvrir sont paradoxalement limités, les pays pauvres étant des laissés pour compte, mais qui, pourtant, ont d'énormes besoins à couvrir. Dans cette perspective, Axel Kahn a parfaitement raison de dire que « le mouvement naturel, l'essence même du système libéral est d'engendrer des inégalités[151] » ; René Passet et Jean Liberman ne voient pas différemment les choses lorsqu'ils affirment, parlant de l'essence de la politique économique néolibérale, que « le système sait produire mais non partager[152] ».

Au total, l'ultralibéralisme, inspiré de la philosophie libérale qui fonde la nature de l'homme sur sa seule dimension *oeconomicus* aux dépens de ses autres spécificités, notamment morale, esthétique et spirituelle, charrie fatalement des dysfonctionnements sur les plans politique, social, culturel et environnemental, qui constituent autant d'enjeux pour cette doctrine économique.

IV. Les enjeux du néolibéralisme

Les enjeux de l'économie néolibérale, nous l'avons dit, sont multiformes, ils se déclinent à la fois sur les plans politique, social, culturel et environnemental. Commençons par analyser les enjeux politiques.

---

[151] *Ibid.*

[152] R. Passet et J. Liberman, *op. cit*,, p. 22.

IV.1. Les enjeux politiques

L'émancipation du flux des capitaux de toute tutelle et de tout contrôle étatiques par l'idéologie néolibérale entraîne forcément une mutation du pouvoir économique du domaine public des États au domaine privé de l'actionnariat international. Ainsi les fonds de pension, les fonds spéculatifs, les banques, les assurances, etc., ont désormais la « puissance de feu » qui leur permet de dicter la loi sur la planète. Aussi contrôlent-ils en effet une masse de liquidités de l'ordre de 30 000 milliards de dollars, supérieure au produit mondial d'une année, et une seule journée de spéculation sur devises représente l'équivalent de toutes les réserves d'or et de devises des grandes banques centrales du monde. Au vu de ces données qui donnent du tournis, il y a lieu de penser qu'aucune nation ni aucune entreprise ne peut résister aux pressions de ces institutions de la haute finance internationale. Car le système est sous-tendu par une imparable logique de fructification rapide des patrimoines financiers[153].

La logique de l'État minimum dans les activités économiques qui se dessine à travers ces quelques données est soutenue par l'anti-constructiviste Friedrich Hayek, qui allègue que l'ordre social n'obéit pas à une quelconque volonté politique, il est plutôt la conséquence logique de ce qu'il appelle « catallaxie », c'est-à-dire que l'ordre social est régi par les échanges tous azimuts et débridés, qui ne doivent être soumis à aucune restriction ni à aucune normativité étatiques. Car l'enjeu, c'est de libérer le marché, en le rendant aussi vaste que le monde. Par conséquent, il est de bon ton, voire impératif, d'émasculer l'État, à défaut de l'anéantir totalement. Le nouvel ordre économique, martèle-t-il, est

---

[153] *Ibid.*, p. 21. Il faut préciser que les chiffres avancés datent de 2002, ce qui veut dire qu'ils ont déjà certainement évolués, le système allant se perfectionnant au fil du temps.

« catallaxique », c'est-à-dire qu'il est déterminé par le libre échangisme : le politique n'en est plus l'architecte[154].

Sans pour autant épouser tous les contours de la thèse anti-constructiviste développée par Hayek, Michiel Crozier, dans un ouvrage dont le titre dévoile d'emblée sa vision sur le profil que doit adopter l'État dans un contexte néolibérale, *État modeste État moderne*, affirme la nécessité de transformer « l'État arrogant et autoritaire[155] » en « État modeste ». Ce dernier se contentant de réguler les intérêts particuliers, de veiller à l'adjudication des marchés, à la protection des transactions. En somme, son rôle est celui d'un vigile ou d'un gardien du marché.

Les thèses anti-constructivistes de Hayek et de la modestie de l'État de Crozier se rejoignent sur l'impératif de ramener le rôle du politique à sa portion congrue, afin que le néolibéralisme, qui est assorti d'une dynamique de marché transnationale, puisse se déployer dans toute sa plénitude.

Cependant, le danger de ce spectacle ahurissant, observent Hans Peter Martin et Harald Schumann, c'est que « lorsque sur toutes les questions existentielles liées à l'avenir, les gouvernements ne peuvent plus répondre qu'en évoquant l'inexorable contrainte de l'économie transnationale, toute politique se transforme en une comédie de l'impuissance, et l'État démocratique perd sa légitimité. La mondialisation se transforme ainsi en un piège pour la démocratie[156] ». Le totalitarisme du marché que nous appelons « éconofascisme », prend effectivement l'État démocratique en otage aujourd'hui, celui-ci n'a plus un droit de regard sur des questions qui engagent pourtant le devenir des citoyens

---

[154] F. Hayek, repris par P. Arondel, *op. cit.*

[155] M. Crozier, *État modeste État moderne*, Paris, Editions Fayard, 1987, p. 116.

[156] H.-P. Martin et H. Schumann, *Le piège de la mondialisation*, Paris, ACTES SUD, 1997, pp. 28-29.

dont il est l'émanation, et dont il a la responsabilité, par voie de conséquence ; car muselé par les contraintes de l'économie transnationale et les lois du marché, qui n'épargnent aucun secteur d'activité.

L'autre danger que présente l'ultralibéralisme, qui est sans doute indissociable du premier, est lié au fait que les mouvements des capitaux ayant été exonérés de tout contrôle étatique, on assiste à une floraison des paradis fiscaux, sorte de zones de non-droit et de passe-droit « par où transite puis se blanchit le clair de l'argent de la criminalité et de l'hyperterrorisme moderne », comme l'affirment René Passet et Jean Liberman[157], dont les conséquences n'épargnent pas les propres géniteurs du système, un peu comme le monstre fabriqué par le docteur David Frankenstein de Mary Shelley qui avait fini par le dévorer.

René Passet et Jean Liberman, dont la pertinence des analyses correspond à l'aura dont ils jouissent auprès des milieux de l'analyse économique, ont pu en effet établir dans leur monographie titrée *Mondialisation financière et terrorisme* que loin d'être un simple dysfonctionnement du système néolibérale, comme certains s'entêtent à le répandre dans l'opinion, le terrorisme international est le « fruit naturel » découlant de la logique même de ce système qu'ils qualifient de « dégénérescente » ; autrement dit, il est consubstantiel à la doctrine néolibérale dont la pente naturelle est la régression. Car, soutiennent-ils, s'il est vrai que « l'hyperterrorisme » benladenien recourt à l'économie et à la finance mafieuses pour soutenir ses activités, il est tout aussi vrai, et c'est ce qui est moins connu, que l'ampleur fulgurante de cet « argent sale » dans les transactions planétaires n'a pu être possible que grâce à la « connivence » de l'économie légale, l'argent dit « propre », par une relation « systémique » inscrite dans l'hégémonisme acquis par la finance. Dans ce

[157] R. Passet et J. Liberman, *op. cit.*, p. 63.

contexte, il devient hasardeux de « tracer de frontière entre l'économie légale et l'économie criminelle. Conséquence gravissime : la criminalisation à son tour de l'économie légale[158] ». C'est dire que le terrorisme international est le revers de la médaille de la financiarisation du monde, mieux, le « fruit empoisonné » de la mondialisation néolibérale.

Bien avant René Passet et Jean Liberman, et les tristes événements du 11 septembre 2001, le juriste Jean de Maillard s'inquiétait déjà des turpitudes induites par la financiarisation du monde, qui risquaient, pensait-il alors, de générer *Un monde sans loi*[159] *;* plus tard, il poussa plus loin son analyse, en parlant de l'avènement d'un système économique où *Le marché fait la loi*[160]. Nous y sommes plus que jamais de pleins pieds. Pouvait-il en être autrement ? Dans un monde où le pouvoir financier transnational a supplanté aussi bien dans l'espace que dans ses valeurs celui des États, garants de la loi, la criminalité économique n'était-elle pas prévisible ? A qui veut-on faire croire que le terrorisme international est une génération spontanée, lorsque, grâce au système ultralibéral, le transfert des fonds s'opère, pour des besoins de recyclage, sans restriction aucune dans « des comptes bancaires localisés non seulement dans les paradis fiscaux aussi connus que le Liechtenstein, Singapour ou Monaco, mais également en Grèce, en Allemagne, en Autriche ou à Chypre[161] » ? L'Union Européenne a certainement du pain sur la planche sur ce dossier.

Quelques données chiffrées pourront peut-être nous aider à prendre la pleine mesure de l'ampleur des mouvements des capitaux effectués sans contrôle à travers le monde, et qui

---

[158] *Ibid.*, p. 56.
[159] J. de Maillard, *Un monde sans loi*, Paris, Stock, 1998.
[160] J. de Maillard, *Le marché fait la loi*, Paris, Ed. Mille et une nuits, 2001.
[161] R. Passet et J. Liberman, *op. cit.*, p. 62.

alimentent les activités liées à l'économie criminelle : selon le PNUD, le produit criminel brut mondial (PCB) atteint 1200 milliards de dollars par an. En guise de comparaison, il faut savoir qu'en 2000, le Produit intérieur brut (PIB) de la France atteignait 1 333 milliards de dollars. Précisons que ce produit criminel brut mondial est réparti entre plusieurs activités criminelles, au-delà du terrorisme benladenien, qui est d'ailleurs difficilement chiffrable ; ces activités criminelles sont, entre autres, le trafic de drogues, le trafic de migrants clandestins, la prostitution, le trafic d'espèces animales protégées, la contrebande des véhicules volés, les matières premières dangereuses et ressources naturelles protégées, etc. En règle générale, le PNUD estime le produit criminel brut mondial à 15% du commerce mondial[162]. C'est tout dire.

En définitive, les États sont aujourd'hui vidés de toute leur substance en tant qu'instances suprêmes garantes de la loi, et donc régulatrices des mouvements financiers et d'échanges commerciaux, au profit de l'actionnariat privé international qui est régi, nous l'avons dit, par l'axiomatique de l'intérêt. Cette émasculation, voire cette prise en otage de l'État par l'idéologie néolibérale a entraîné des conséquences désastreuses sur le plan social, puisque, comme nous l'avons vu avec Axel Kahn, l'essence du système néolibéral est d'engendrer des inégalités. C'est dire que le système présente des enjeux sociaux certains.

IV.2. Les enjeux sociaux

L'érection des valeurs économiques ou marchandes en valeurs référentielles par l'économisme transnational triomphant est porteuse de graves périls pour la société, non pas l'épanouissement et le bonheur collectifs qui nous avaient été promis par ses stratèges. Le premier de ces périls est lié

---

[162] *Ibid.*, p. 60.

aux inégalités et aux injustices générées par le système. Ainsi, « les conséquences de la montée en puissance des situations ressenties comme injustes et choquantes, écrit Axel Kahn, sont la tension et la violence, certes pas la progression harmonieuse du bien-être de tous[163] ». Parmi les situations injustes et choquantes dont parle Axel Kahn, il y a bien évidemment la « misère du monde », qui nous offre une autre grille de lecture pour comprendre l'émergence de l'hyperterrorisme, en plus des paradis fiscaux responsables de la criminalité économique que nous avons déjà identifiés comme cause de ce phénomène. « La misère va devenir une autre forme de guerre », c'est en ces termes prémonitoires que s'exprimait Alpha Oumar Konaré, Président du Mali en juin 2001, avant d'ajouter : « Il n'y a pas de barrière efficace pour empêcher les gens de se battre pour survivre », « si la pauvreté ne recule pas on va au suicide collectif, à la violence…[164] ». Malgré ce discours implacable de justesse et de pertinence, James D. Wolffensohn, président de la Banque Mondiale, institution financière au service de la cause du néolibéralisme, n'a pu s'empêcher d'avoir cette réaction empreinte de cynisme : « La pauvreté n'est pas en elle-même et directement source de conflit et encore moins de terrorisme ». On peut imaginer la suite de l'argumentation : « Ce ne sont pas, en l'occurrence, les pauvres qui se révoltent mais les Ben Laden qui sont des gens riches[165] ».

Voilà le type de discours généralement tenu par les stratèges et apologistes de l'ultralibéralisme, un discours qui manque de lucidité et d'objectivité pour mener une analyse sans complaisance sur les divers mécanismes de fonctionnement de ce « terreau de décomposition sociale » qu'est la politique économique néolibérale, qui, de toute évidence, constitue l'un des facteurs de la recrudescence de la

[163] A. Kahn, *L'homme, ce roseau pensant…op. cit.*, p. 186.
[164] Cité par R. Passet et J. Liberman, *op.cit.*, p. 38.
[165] *Ibid.*, pp. 38-39.

violence dans le monde. Ben Laden est certes milliardaire, mais s'est-on interrogé un seul instant pour savoir quelle est la cause défendue par cet homme visiblement à l'abri du besoin, qui, pourtant, s'investit tant dans la violence ? C'est la bonne question qu'il conviendrait de se poser, au lieu de claironner et de pérorer sur sa prétendue haine pour les « valeurs occidentales de liberté et de démocratie ». D'ailleurs, quelle crédibilité peut-on accorder à la démocratie telle qu'elle est pratiquée par les États-Unis d'Amérique et leur président à travers le monde, où on assiste à une négation des valeurs au nom lesquelles ils prétendent combattre ? S'il est vrai que Ben Laden ne voue pas particulièrement un culte à la démocratie et à la liberté, s'il est également vrai que « la folle dérive islamiste d'Al-Qaïda dans le fanatisme et une culture de mort[166] » est à dénoncer, il est tout aussi vrai que le problème de fond demeure le creusement des inégalités économiques, qui, si criardes au sud, suscitent la désespérance. Cette dernière constitue la racine du mal à laquelle il faudrait s'attaquer pour ne pas se tromper d'ennemi à combattre.

A ce propos, il est bon de s'intéresser à l'analyse faite par l'écrivain John Berger, qui lance un avertissement poignant en direction de ceux qui, au lieu de promouvoir les valeurs d'égalité et de justice dans le monde, en vue d'estomper le terrorisme, profèrent plutôt des menaces contre des « États voyous » suspectés de terrorisme : « Mal interpréter son ennemi, martèle-t-il, peut entraîner la défaite – celle de l'interprète fautif. C'est ainsi que parfois s'écroulent les empires[167] ». En lieu et place de cet arrogance, il propose une version plus lucide de « ce qui façonne un terroriste » et donne un sens au sacrifice, une analyse étiologique susceptible d'aider à vaincre le mal. Ainsi, pour lui, poser un

---

[166] *Ibid.*, p. 39.

[167] J. Berger, « Sept niveaux de désespoir », *Manières de voir*, n°60, novembre-décembre 2001, p. 57.

acte terroriste, est « […] une façon de transcender le désespoir (total) et, par le don de sa vie, lui donner un sens ». Le sens à donner à la vie ici, précise-t-il, ce n'est pas par rapport au martyr lui-même, il est plutôt destiné à ses ennemis, car le suicide est « un sentiment de triomphe sur ceux qu'il est censé haïr[168] ».

Le règne de l'arbitraire et de l'arrogance qui s'exprime dans le monde aujourd'hui est aussi le fait des instruments du système ultralibéral : le Fonds Monétaire International (FMI), la Banque Mondiale, l'Organisation Mondiale du Commerce (OMC), pour ne citer que les plus en vue. Une image célèbre, que rappelle Joseph E. Stiglitz[169]a fait le tour de la planète et scandalisé les pays du Sud qui ploient sous le joug des impératifs du FMI : on y voit le président du FMI, debout, le regard sévère, dominant de la taille le président indonésien qui, humblement soumis, paraphe les conditionnalités rigoristes et drastiques qui lui sont imposées en vue de pouvoir bénéficier de l'octroi d'un prêt. Le contraste est saisissant : arrogance de l'un et soumission de l'autre. Cette image, souligne Joseph E. Stiglitz, a une forte valeur symbolique, car elle illustre de façon visuelle une réalité profonde. A travers la personne du président humilié, c'est tout le Sud-Est asiatique et, plus largement, le monde pauvre qui se sentaient offensés.

Stiglitz ne croit pas si bien décrire le calvaire que vivent les peuples du Sud, en général, et ceux d'Afrique, en particulier. Car les conditionnalités rigoristes et drastiques dont ils parlent, les peuples africains les vivent comme un drame social. Tenez : pour implanter l'idéologie néolibérale en Afrique et, partant, arrimer cette dernière à la mondialisation, il a été imposé aux pays africains des programmes économiques dits plans d'ajustements

---

[168] *Ibid.*
[169] J. E. Stiglitz, *La grande désillusion*, Paris, Fayard, 2002.

structurels (PAS), dont la mécanique est constituée d'équations et des paramètres économiques qui ignorent complètement l'humain, qui devrait pourtant en être l'heureux bénéficiaire, si tant est que la finalité de tout programme économique est l'épanouissement de l'homme. Impulsés par les stratèges de la Banque Mondiale et du Fonds Monétaire International (FMI), les programmes d'ajustements structurels ont débouché sur des licenciements et des mises en chômage massifs du fait de la privatisation des entreprises relevant du portefeuille de l'État et du dégraissage à la Fonction Publique ; et, enfin, ils ont débouché sur la fermeture des écoles d'infirmiers et d'instituteurs, dont « l'effet le plus immédiat est pourtant, souligne Hubert Mono Ndjana, la progression de la maladie et de l'analphabétisme. La médication purement mathématique de la part des institutions clés de la mondialisation présente ainsi le mérite de tuer la maladie en même temps que le malade. Les relations économiques et commerciales acquièrent une autonomie totale en même temps que l'homme disparaît sous la trappe[170] ».

On le voit, l'univers économique capitaliste est imperturbablement embrigadé dans une éthique marchande débridée et déshumanisée, un culte sans concession de l'intérêt, de l'exploitation des faibles et des défavorisés. Il éloigne « l'homme », c'est-à-dire les maîtres de la Terre, des autres hommes et leur fait perdre le sens de l'Être et de l'Amour. « Il s'érige alors, écrit Emmanuel Mounier, une race d'hommes, insensibles à la rudesse des destinées, aveugle sur les malheurs qui ne sont pas des malheurs intimes[171] ».

---

[170] H. Mono Ndjana, « La place de l'homme dans le nouveau système du monde », exposé présenté lors de la Journée d'Etude organisée par l'Université Catholique d'Afrique Centrale (UCAC), sur le thème : « Humanisme et mondialisation », Yaoundé le 02 juin 2001.

[171] E. Mounier, *Œuvres*, tome I, Paris, Du Seuil, 1961, p. 495.

Il ne faut cependant pas croire que la désespérance dont est assorti le « capitalisme actionnarial » ne touche que les populations des pays pauvres, celles des pays riches sont elles aussi victimes des méfaits de l'éthique marchande, à un degré moindre, certes. Les générations qui ont en effet suivi la période dite des « Trente Glorieuses », caractérisée par une amélioration constante du pouvoir d'achat, qui conférait « une légitimité à la machine économique », en sont aujourd'hui à rêver de celle belle époque vécue par leurs parents et leurs aînés. En France, par exemple, le niveau de vie moyen de très jeunes ménages a baissé de 15% entre 1989 et 1993, et les 40 ans ont en moyenne un niveau de vie inférieur à l'ensemble des 50 ans. Le système scolaire, jusqu'ici, ne parvient pas à changer la donne, particulièrement frustrante et « démoralisante » pour les jeunes[172].

D'ailleurs, l'on observe aujourd'hui une « déconnexion » entre la réussite financière et l'école, surtout dans les milieux défavorisés du fait du délitement des valeurs occasionné par l'éthique marchande. En effet, l'argent ayant été érigé en valeur référentielle, le savoir n'apparaît plus comme une garantie de réussite sociale synonyme de réussite financière. Ainsi, souligne Axel Kahn, « le trafiquant, le créateur de tee-shirts branchés et le rappeur, sans parler du "dealer", sont incommensurablement plus riches que l'instituteur, le professeur ou le médecin de quartier[173] ». Toutes choses qui conduisent à la dévalorisation du savoir. Le même phénomène est observable dans le choix des carrières par les jeunes plus défavorisés, la seule réussite socialement valable étant la position rémunératrice, le prestige de la connaissance et de la science d'antan est battu en brèche. C'est ce qui justifie le fait que le nombre d'étudiants à s'inscrire dans les

[172] R. Passet et J. Liberman, *op. cit.*, p. 40.
[173] A. Kahn, *L'homme, ce roseau pensant…op. cit.*, p. 182.

filières commerciales et celles de la communication va croissant. En revanche, il y a une réticence à affronter les métiers de l'incertitude financière, à l'instar de l'enseignement.

Sur le plan sanitaire, le péril est lié à la précarisation croissante du travail et de ses conditions d'insécurité qui sont sources de stress et d'agressivité permanents, générant des maladies quasi endémiques, comme la dépression, tandis qu'on assiste à une recrudescence des suicides, parfois collectifs.

Au total, l'économisme transnational ôte à l'homme toute dignité, car son épanouissement ne fait plus partie des finalités économiques, l'actionnariat privé, qui s'est accaparé la scène économique mondiale, étant régi, nous l'avons dit, par l'axiomatique de l'intérêt. Mais il n'y a pas que la société qui soit prise en otage par l'ultralibéralisme, les particularités culturelles sont elles aussi passées à la trappe, elles apparaissent aujourd'hui comme « contingentes », la seule culture valable à l'échelon planétaire étant celle des règles du marché et de l'outil technologique qui est associé au système comme adjuvant

IV.3. Les enjeux culturels

La mondialisation, parce qu'elle diffuse sur toute la planète entière des valeurs et des référents occidentaux, via Internet et les médias, principalement la télévision satellitaire, suscite de vives réactions des autres cultures, qui se sentent menacées de disparition par la rationalité technoscientifique, l'éthique marchande et la sécularité qui y sont assorties, et véhiculées par l'Occident. Toutes choses que Philippe Moreau-Defarges appelle, reprenant la célèbre formule de Max Weber, « le désenchantement du monde ». Face à cet envahissement tous azimuts de l' *ethos* occidental, les peuples non occidentaux ont le sentiment d'être déracinés, ils ont le sentiment que l'État-nation, émasculé par l'actionnariat privé international, ne leur offre plus le cadre incontesté pour leur sécurité identitaire. Voilà pourquoi, écrit Moreau-Defarges, les peuples, désormais abandonnés à eux-mêmes, considèrent leur culture comme un dernier rempart, « source de solidarité, de protection face au déferlement de la mondialisation[174] ».

Dans la même vaine, Axel Kahn pense que l'un des périls qui pèsent aujourd'hui sur la stabilité du monde réside dans « l'incommunicabilité » entre les différents systèmes axiologiques constitutifs des cultures et des civilisations. Lorsque l'Occident présente les valeurs scientifique, technique et marchande comme étant le seul référentiel axiologique universalisable et universel, les autres « particularités culturelles vont apparaître contingentes [...].Tout le reste paraîtra constituer un ensemble insignifiant de particularismes subalternes, ce qui conduira au relativisme moral généralisé[175] ». Gilbert Hottois ne voit pas différemment les choses lorsqu'il dit que l'occidentalisation de la planète que nous vivons ne tient pas compte de l'altérité ou du non-moi culturel, « elle ressemble plus à une métonymie qu'à une extension logique de l'essence rationnelle de l'homme, une métonymie qui surimpose une partie (l'Occident) au tout (les autres cultures)[176] ».

La métonymie à laquelle le penseur belge fait référence signifie que sous le prétexte de la mondialisation, la culture occidentale, qui est l'une des cultures de la planète, s'impose et se substitue au reste des cultures du monde. Ainsi le tout, c'est-à-dire la totalité des cultures de la planète, s'exprime

---

174 P. Moreau Defarges, *La mondialisation* (1997), Paris, PUF, 2005, p. 80.

175 A. Kahn, *L'homme, ce roseau pensant*, *op. cit.*, p. 183.

176 G. Hottois, « Les technosciences dans la société », in *Revue européenne des sciences sociales*, tome xxxv, n°108, 1997, p. 57.

par la partie, c'est-à-dire la culture occidentale. Pourtant, affirme Axel Kahn, l'échange entre des cultures différentes a toujours été le fondement du progrès des civilisations ; car c'est de l'échange interculturel qu'« émerge une nouvelle diversité, elle-même promesse d'innovations futures[177] ». Cet échange se trouve hypothéqué et « paralysé » tant par l'homogénéité culturelle qui se substitue à l'hétérogénéité culturelle par l'imposition d'un référentiel dominant que par le repli identitaire qui ferme la porte aux « influences réciproques ». Mais peut-on éviter le repli identitaire lorsqu'une culture s'impose aux autres par le harcèlement médiatique, et parfois même par la force ? Le repli identitaire n'apparaît-il pas souvent comme le seul rempart pour survivre culturellement dans la mondialisation actuelle, comme l'a souligné pertinemment Moreau-Defarges ?

Quoi qu'il en soit, le Professeur de Harvard, Samuel Huntington, dans un article au titre tonitruant « The Clash of Civilizations ? », qui fit des vagues aux États-Unis en 1993, avant d'être publié dans l'ouvrage éponyme en 1996, affirme qu'au vu de la dynamique de repli identitaire induite par la mondialisation, le monde sera culturellement hétéroclite et cosmopolite ou ne sera pas. Car tous les conflits à venir auront une connotation moins économico-politique que culturo-religieuse : « Le monde sera dans une large mesure façonné par les interactions entre sept ou huit grandes civilisations. Il s'agit des civilisations occidentales, confucéenne, japonaise, musulmane, hindoue, slave-orthodoxe, latino-américaine et probablement africaine. Les conflits les importants de l'avenir éclateront sur les lignes de clivage séparant ces civilisations[178]». En dépit des critiques qu'ont essuyées cet article et l'ouvrage qui s'en est suivi, l'histoire n'a-t-il pas donné raison à Samuel Huntington à

---

[177] A. Kahn, *L'homme, ce roseau pensant*, *op. cit.*, p. 183.
[178] S. Huntington, « The Clash of Civilizations ? », *Foreign Affairs*, vol.72, n°3, été 1993, p. 25.

travers les événements du 11 septembre 2001 ? Il n'a pas eu tort en tout cas de s'opposer en toute lucidité « à la croyance au primat universel de la culture occidentale … Auquel il reprochait d'être "faux"" (les autres civilisations ont d'autres idéaux et normes), "immoral et dangereux" (parce que l'impérialisme est la conséquence logique de ce soi-disant universalisme)[179]».

Autant le dire tout de suite, la planétarisation de la civilisation occidentale ne se pas et ne se fera pas sans heurts. Car les islamistes radicaux, exaspérés qu'ils sont par les valeurs marchandes, les artefacts technologiques, l'individualisme, la sécularisation, corollaires de la société de consommation que leur brandissent les Occidentaux, n'entendent pas leur signer un chèque en blanc. C'est pourquoi Philippe Moreau-Defarges pense que l'un des conflits majeurs en ce début du XXIe siècle opposerait l'Occident et l'islam. Ce conflit a cette particularité qu'il ne s'organise pas en un face-à-face entre deux blocs idéologico-politiques, il se présente davantage sous la forme d'un enchevêtrement de conflits à caractère culturel et religieux certainement.

L'auteur français pousse le bouchon plus loin : d'après lui, les sociétés occidentales ayant démantelé le communisme, qui menaçait de les ébranler dans leurs fondements, la nature ayant horreur du vide, l'islamisme serait en passe de lui succéder pour rétablir l'équilibre de terreur d'antan, les deux doctrines ayant, à son sens, la même capacité de nuisance que l'Occident répugne : « Tout comme, des années 1920 aux années 1960, le communisme les faisait trembler en mettant à nu les vices du capitalisme, martèle-t-il, l'islam y est ressenti comme une menace, parce qu'il aurait ce que l'Occident

---

[179] R. Passet et J. Liberman, *op. cit.*, p. 49.

souffrirait de ne pas voir : une spiritualité exaltée, des liens communautaires[180] ».

Pour tenter d'expliquer les causes du conflit qui oppose l'islam et l'Occident, Daniel Cohen rejette l'argument culturel pour se réfugier derrière celui économique. Selon lui, en effet, la doctrine islamique serait incompatible avec le progrès économique, c'est ce qui justifierait la pauvreté des islamistes : 6% seulement de la richesse mondiale contre 20% de la population totale. Pour cela, pense-t-il, « la tentation semble irrépressible de conclure que l'islam a un problème avec le monde moderne en général, et les questions économiques en particulier[181] ».

Mais l'argument suivant lequel la doctrine islamique serait antipathique au progrès économique, épuise-t-il tous les contours du conflit qui oppose l'islam et l'Occident ? Il faut en douter ! Car si l'on admet que c'est la pauvreté du monde islamique qui le pousse à affronter les pays du Nord, principalement les États-Unis d'Amérique, quelle est la causalité réelle de cette situation de pauvreté ? N'est-ce pas en grande partie le caractère asymétrique et injuste des lois qui régissent le commerce Nord-Sud, qui laisse parfois penser à des motivations racistes et donc culturelles ?

Au demeurant, la bourrasque néolibérale n'épargne pas particularités culturelles qui deviennent *ipso facto* contingentes du fait de l'imposition de l'archétype axiologique occidental constitué des règles du marché, des prouesses de la rationalité technoscientifique, etc., qui sont présentées comme le Référent Universel devant moduler les schèmes mentaux de tous les peuples de la planète. Mais la bourrasque ultralibérale n'épargne pas non plus la nature en tant qu'environnement physique, qui se trouve lui aussi

---

[180] P. Moreau Defarges, *op. cit.*, p. 82.

[181] D. Cohen, *La mondialisation et ses ennemis*, Paris, Grasset et Fasquelle, 2004, p. 141.

englouti, pollué et dégradé du fait de la recherche effrénée du profit.

IV.4. Les enjeux environnementaux

« La planète suffoque ! », voilà la thèse du dérèglement climatique qui fait désormais l'unanimité au sein de la communauté scientifique, à quelques rares exceptions près. Si rien n'est fait pour réduire considérablement les émissions de gaz à effet de serre (GES), à défaut de les endiguer complètement, la Terre pourrait se réchauffer de 1,4°C à 5,8°C d'ici à la fin du siècle ; avec les conséquences dramatiques qu'on peut aisément imaginer[182]. Fidèles à leur logique de l'État minimum, voire de la non ingérence de l'État dans les affaires ayant un impact direct sur l'économie, propre au nouveau capitalisme, les plus gros pollueurs de la planète regroupés au sein du Groupe des sept pays les plus industrialisés (G7), en tête desquels les États-Unis d'Amérique, font preuve de gangstérisme écologique en restant indifférents à ces données scientifiques implacables et apocalyptiques. C'est ainsi qu'ils ont formé le « lobby des plus gros pollueurs », dont l'objectif est de torpiller toutes les conventions-cadres sur le réchauffement climatique destinées à la protection de l'environnement, en réclamant des mécanismes dits de « flexibilité », qui sont en réalité des « droits à polluer[183] ». La finalité de tout ce travail de lobbying, l'on s'en doute bien, est de préserver la productivité des groupes industriels internationaux et des multinationales contre toute entrave juridique relative au réchauffement climatique, au mépris de l'environnement dont les conséquences de la dégradation menacent la survie même de l'humanité. Un bref historique des protocoles sur le réchauffement climatique pourrait mieux nous édifier sur le

---

[182] Aurélien Bernier, « Le Monde diplomatique », décembre 2007.
[183] *Ibid.*

degré d'irresponsabilité et de gangstérisme écologique des concepteurs de l'idéologie néolibérale.

Créé en 1988 à la demande du G7, le Groupe intergouvernemental sur l'évolution du climat (GIEC) tente d'alerter les décideurs sur les conséquences du réchauffement climatique. En 1992, la convention-cadre des Nations unies sur les changements climatiques (CCNUCC) est ouverte à ratification, et recevra une réponse favorable de la quasi-totalité des États. Elle affiche comme objectif de « stabiliser les concentrations de gaz à effet de serre dans l'atmosphère ». Mais la faiblesse de cette convention-cadre, c'est de n'avoir pas indiqué « d'objectifs chiffrés ni de moyens », ce qui laisse penser à une fuite en avant. Cette phase opérationnelle est renvoyée à un traité « fils », le protocole de Kyoto, dont les premières négociations débutent en décembre 1997. Le cadre des Nations unies imposant l'unanimité, la bataille est rude entre pays industrialisés et pays en voie de développement. Il faudra attendre près de 4 ans pour voir aboutir, le 10 novembre 2001, aux accords de Marrakech, la traduction juridique du protocole de Kyoto. Le retard pris dans la finalisation des instruments juridiques du protocole de Kyoto est-il innocent, quand on sait qu'il y a urgence à réduire le gaz à effet de serre dans l'atmosphère ?

Coup de théâtre supplémentaire : le refus catégorique et systématique d'une centaine de sénateurs américains de ratifier le texte final, conséquence, les 40% des émissions mondiales, le plus gros gisement de gaz à effet de serre (GES) ciblé par le protocole, sont hypothéqués. Au final, la montagne aura accouché d'une souris, puisque l'ambition réelle du protocole de Kyoto se limite à une diminution de l'ordre de 0,16% des tonnages de GES rejetés dans l'atmosphère ! Pour dissimuler leur basse besogne, ce chiffre n'apparaîtra nulle part dans les communications officielles tant il est ridicule comparé aux enjeux.

Comme si cela ne suffisait pas, en contre partie de cette minuscule concession, « le lobby des plus gros pollueurs a pu obtenir des mécanismes dits "de flexibilité" dont il pourra tirer le maximum de bénéfices[184] ». Le bénéfice le plus évident à tirer est tout trouvé : c'est que le protocole ne s'appuyant sur aucun cadre réglementaire commun, ils ont les mains libres pour opérer toutes sortes de manigances, chaque État étant chargé de définir un plan d'allocation des quotas permettant de distribuer le volume de droits à émettre du CO2 à ses installations les plus polluantes. Bien entendu, les gouvernements ayant ainsi obtenu un chèque en blanc, ils n'oseront pas faire payer ces quotas aux industriels, pour sauvegarder leurs intérêts, ce qui aurait pourtant « généré des recettes fiscales permettant de mener des politiques publiques ambitieuses en faveur de l'environnement. Il s'agit réellement de "droits à polluer", cette gratuité supposant que l'environnement appartient par défaut à ceux qui lui portent atteinte[185] ».

Voilà la triste réalité : l'environnement appartient aux riches doublés de plus gros pollueurs, véritables prédateurs écologiques. Dès lors, la suggestion aux allures de cri de coeur faite par Hervé Kempf[186] revêt tout son sens et toute sa pertinence : l'urgence, dit-il, est de s'attaquer à l'« oligarchie prédatrice ».

On le voit, la course à la productivité à laquelle de livrent les pays les plus industrialisés du monde, en tête desquels les États-Unis d'Amérique, qui se révèlent être le plus gros pollueur de la planète, se fait aux dépens de l'environnement du fait des émissions de gaz à effet de serre (GES) qui dégradent l'atmosphère un peu plus chaque jour. La

---

184 *Ibid.*
185 *Ibid.*
186 H. Kempf, *Comment les riches détruisent l'environnement*, Paris, Seuil, 2007.

destruction inexorable des régulations de la biosphère menace le destin des générations futures.

L'idéologie néolibérale, qui instrumentalise la technoscience pour asseoir son rayonnement, synonyme de croissance exponentielle de la productivité, en dégradant notre écosystème, se situe indubitablement dans la logique baconienne et cartésienne. Francis Bacon[187] et René Descartes[188] sont en effet les premiers dans l'histoire de la pensée occidentale, à hypostasier l'activité scientifique et technique, en la mettant radicalement au service de l'épanouissement et du bonheur de l'homme, d'une part, et du pouvoir de domination de celui-ci vis-à-vis de la nature, d'autre part. Ce faisant, cette dernière a été l'objet d'un projet avilissant et asservissant, Bacon et Descartes ayant fondé le pouvoir, la puissance et le bonheur de l'humain sur sa maîtrise, sa domination et son asservissement.

A l'observation, cette position « anthropologiste » et humaniste est à relativiser, car il nous semble de bon ton et raisonnable d'exhorter vivement l'homme, ainsi que le fait Edgar Morin, à renoncer à l'idée de jouer au va-tout avec la nature, le destin de l'humanité et celui de la nature étant inextricablement liés. Pour cette raison, le sociologue français suggère d'« abandonner le projet gengis-khanien de conquérir et asservir la nature[189] ». Le développement mutuel de la nature et de l'humanité passe nécessairement par un « co-pilotage », une interaction et une synergie entre les deux entités. Pour ce faire, ajoute-t-il, il convient de se départir absolument de cette propension à l'hégémonisme et à l'impérialisme que l'homme affiche à l'égard de la nature, en cohérence avec la volonté de Bacon et de Descartes. Mais il n'est nullement question, prévient l'auteur, de se soumettre

---

187 F. Bacon, *La Nouvelle Atlantide* (1623), Paris, PUF, 1986.

188 R. Descartes, *op.cit.*

189 E. Morin, *Méthode, tome 2 : La vie de la vie*, Paris, Seuil, 1980, p. 86.

servilement à la nature non plus. Il s'agit d'entrevoir un « co-développement » symbiotique par transformations mutuelles entre une biosphère acentrique, inconsciente, spontanée et une humanité devenant de plus en plus consciente de son devenir et du devenir du monde.

Toutefois, souligne Edgar Morin, le mariage de raison entre la nature et l'humanité, en vue de la construction du monde n'est possible que si l'on procède à une réorientation de l'activité technique qui devra s'appuyer sur une réforme des mentalités et de la conception de la science : « Ce nouveau mariage entre la nature et l'humanité nécessitera sans doute, écrit-il, [...] un dépassement de la technique actuelle, qui elle-même nécessite un dépassement du mode de pensée actuelle, y compris scientifique[190] ». Le sociologue relativise ainsi, de fort belle manière, le rêve cartésien de domestication de la nature, et l'utopie baconienne de commandement de celle-ci par l'homme. Il substitue à ces rêve et utopie, le « co-pilotage » entre l'homme et la nature dans la conduite de la dynamique historique, et donc de la construction graduelle du monde. « L'homme doit cesser de se concevoir comme maître et même berger de la nature. Sait-il où il va ? Va-t-il où il veut ? Il ne peut être le seul pilote. Il doit devenir le copilote de la nature qui elle-même doit devenir son copilote[191] ».

En clair, la nature, en dépit de son apparente inertie et inconscience, est sous-tendue par une rationalité et une logique internes que l'homme doit prendre en compte dans ses multiples rapports avec elle. Car il ne faut pas se leurrer, celle-ci influe sur l'action de l'homme d'une façon ou d'une autre. Tout ce qui est réel semble donc être rationnel dans l'optique de Morin, pour pasticher Hegel. En somme, la nature est une partenaire de l'homme dans la recherche d'un

---

[190] *Ibid.*, p. 96.
[191] *Ibid.*

meilleur monde, et non une serve ou un simple instrument au service de la productivité exponentielle et de la rentabilité financière à l'infini, même au prix du péril de l'espèce humaine.

Dans le même ordre d'idées, l'éco-éthicien allemand Hans Jonas, dans sa monographie dont l'autorité est désormais avérée, à savoir *Le principe responsabilité*, soutient la thèse suivant laquelle il existe une solidarité d'intérêt entre l'avenir de l'humanité et celui de la nature. Pour lui en effet, il ne fait pas de doute que « l'avenir de l'humanité est la première obligation du comportement collectif humain à l'âge de la civilisation technique devenue "toute puissante" [...]. Manifestement l'avenir de la nature y est compris comme condition *sine qua non*[192] ». Il s'ensuit que l'avenir de l'humanité et celui de la nature sont solidaires. Le second étant la condition de possibilité, d'épanouissement, voire de survie du premier. Cette vision des rapports entre l'humanité et la nature est d'autant plus pertinente que c'est elle, cette nature qui, explique Jonas, « nous a produits, nous devons à la totalité apparentée de ses productions une fidélité[193] ». La communauté de destin qui lie l'homme à la nature exige à celui-là un respect vis-à-vis de celle-ci, en vertu du lien de complétude qui les unit.

Mais Jonas ne manque pas de lucidité pour cerner la causalité réelle de l'arrogance de l'homme à l'égard de la nature, cette causalité est liée, d'après lui, à l'intellect pratique émancipé qui a produit la science, et qui est à l'origine de la perturbation de l'équilibre harmonieux qui existait si heureusement entre l'intellect théorique et théorétique ou contemplatif et la nature depuis l'Antiquité. Et c'est bien cet intellect pratique émancipé, dont la technoscience est assortie, qui est mis à contribution

[192] H. Jonas, *Le principe responsabilité*, Paris, Ed. Du Cerf, 1991, p. 187.
[193] *Ibid.*, p.188.

aujourd'hui par les stratèges de l'ultralibéralisme pour assurer la productivité et la rentabilité, aux dépens de la biosphère dont la rupture menace de mettre fin à toute vie sur Terre.

Au terme de notre analyse de la genèse et des enjeux du néolibéralisme, il apparaît de toute évidence que cette politique économique, telle une bourrasque, prend en otage à la fois l'État, la société, les particularités culturelles et l'environnement, puisque, pour les tenants du système, la seule valeur qui vaille la peine et qui est digne d'être recherchée, c'est la productivité optimale, la rentabilité paroxysmale, et donc l'argent, au bout du compte. Toute autre valeur n'est qu'un simple moyen pour parvenir à cette fin suprême. De plus en plus, le vivant lui aussi est envisagé par les multinationales comme un tremplin pouvant concourir à celle-ci, avec la complicité active des scientifiques. On comprend alors pourquoi cet activisme observé aujourd'hui dans la définition d'une nouvelle génération des droits de l'homme que nous avons indiquée plus haut, laquelle nous avons qualifié de bâtarde ou de nihiliste, parce que reposant sur l'irrationnel dans sa déclinaison libertarienne ou permissiviste. La crise des fondements des droits de l'homme ainsi générée par l'idéologie néolibérale constitue une grave entorse à la définition substantielle du droit.

Au-delà des manifestations tangibles du Droit que sont les lois, les jugements, les actes juridiques en effet, il existe ce que Jean-Louis Bergel appelle la « métaphysique du droit », c'est-à-dire des conceptions absolues du Droit qui, bien que variées et diversifiées, s'accordent toutes néanmoins à reconnaître que « tout ordonnancement juridique repose sur la recherche des valeurs sociales : la justice, la sécurité juridique, le progrès social[194]... ». C'est dire que l'architectonique de l'ordonnancement juridique est fondée

[194] Jean-Louis Bergel, *Méthodes du droit. Théorie générale du droit*, Paris, Dalloz, 1989, p.19-20.

sur un ordre axiologique dont la téléologie est d'humaniser la conduite de l'homme et les rapports interindividuels dans une communauté politique. Le biojuridisme contemporain obéit-il à ce sacro-saint principe qui régit la construction de la règle de droit ? Il faut en douter sérieusement ! Voilà pourquoi, il nous a semblé de bon ton d'envisager un ré-enracinement de l'ordre juridique dans l'ordre moral, une sorte de retour aux sources axiologiques et métaphysiques qui ont toujours déterminé toute architectonique juridique véritablement humanisante et socialisante.

CHAPITRE VI

DROIT ET MORALE : UNE FILIATION SUBSTANTIELLE À ASSUMER

Nous pouvons définir le droit comme « une discipline sociale constituée par l'ensemble des règles de conduite qui, dans une société plus ou moins organisée, régissent les rapports sociaux et dont le respect est assuré, au besoin, par la contrainte publique[195] ». Le droit, en soi, est alors un produit des faits sociaux et de la volonté de l'homme, un phénomène matériel, certes. Mais par-delà les manifestations phénoménologiques, il est fondamentalement le produit des valeurs morales. La valeur consiste en un principe idéal auquel se réfèrent communément les membres d'une collectivité pour fonder leur jugement et diriger leur conduite. Elle est donc un principe référentiel, paradigmatique et archétypique qui détermine, régule et formate la conduite humaine en société. En d'autres termes, la valeur confère à la règle juridique, comme à toute autre règle de conduite humaine d'ailleurs, une transcendance par rapport au fait en vue de fixer le cap du devoir-être. Elle situe la règle juridique à une certaine distance de la réalité sensible, empirique, naturelle. C'est précisément cette transcendance qui génère les caractères de généralité et d'abstraction à la règle juridique. En somme, la valeur se présente comme ce qui doit être, elle montre comment ce qui est devrait être, et emporte ainsi l'impératif de la règle et donc sa sanction. Parce que la règle de droit est porteuse d'une valeur et pose donc ainsi ce qui doit être, elle est sanctionnée. Le mot sanction dérive du

---

[195] *Ibid.*, p.18.

mot latin *sanctio*, dérivant de *sancire* qui signifie rendre inviolable, consacrer.

L'exercice de campement de la notion de droit que nous venons d'effectuer nous conduit à appréhender la posture métaphysique ou substantielle de celle-ci, laquelle se situe dans une approche globale de la philosophie du droit[196] qui s'intéresse aux fondements du droit.

I. La posture métaphysique fondamentale de l'ordonnancement juridique

La philosophie, dont la morale ou l'éthique constitue une branche, bien que sa définition soit sujette à controverse, pourrait se définir comme « l'ensemble des études et des recherches visant à saisir les causes premières, la réalité absolue ainsi que les fondements des valeurs humaines et envisageant les problèmes à leur plus haut degré de généralité[197] ». Elle est ainsi une discipline mère[198] qui a une

[196] Notre étude du droit en rapport avec la morale ne se situe pas le cadre de la théorie générale du droit ou de la « dogmatique juridique », dont l'objet est l'exposé des principes, des notions et des distinctions qui sont communs aux divers systèmes de droit. Elle se borne plutôt à décrypter les fondements du droit ou la métaphysique juridique. Ce faisant, elle se situe dans le champ de la philosophie du droit.

[197] « Petit Robert », Dictionnaire V° Philosophie.

[198] Etymologiquement, la philosophie est l'amour de la sagesse. Pour les Anciens, la sagesse renvoyait à l'ensemble des sciences sans exclusive. Ainsi, la philosophie était perçue comme l'amour de la science, l'amour du savoir au sens générique du terme. Le philosophe était alors le détenteur d'un savoir encyclopédique. Mais petit à petit, ces différentes sciences ont commencé à s'émanciper de la tutelle maternelle l'une après l'autre, au point où la philosophie est devenue aujourd'hui un contenant sans contenu. La physique est la première science a à avoir déserté la maison mère avec Newton ; ensuite, la chimie avec Lavoisier, la sociologie avec Auguste Comte, la psychologie avec Freud, la linguistique avec Ferdinand de Saussure, etc. Toutefois, comme toute bonne mère ou tout bon parent en général, la philosophie a continué d'avoir un droit de regard sur l'évolution de ses fils devenus majeurs ou

transcendance sur les autres sciences dont elle est, en quelque sorte, le « berger ». Elle veille sur l'orthodoxie des sciences qui se sont émancipées en désertant la maison mère dans le but d'acquérir leur autonomie. De ce fait, la philosophie est indispensable à l'étude du droit, car c'est elle qui se charge de déterminer son domaine par rapport celui de la morale, de la politique ou de l'économie ; de même qu'elle permet de le définir, de comprendre « ce qu'il est, à quoi il se reconnaît, quels sont ses buts et ses fondements[199] ».

C'est tout l'objet de la philosophie du droit, à savoir sonder les arcanes de la nature du droit positif et comprendre la réalité de cette discipline par les vertus de la réflexion. A cet effet, elle appréhende prioritairement le droit dans son contenu. Certains philosophes, Kant et Hegel notamment[200], ont consacré à la philosophie du droit un traité systématique. Loin de toute volonté d'émasculer le droit en le dépouillant de son appareil technique et factuel, pour le rendre purement métaphysique et donc spéculatif, sous le prétexte de mieux cerner son essence, inquiétude que manifestent certains juristes à tort ou à raison, la philosophie du droit est une « réflexion sur ce que le Droit devrait être[201] ». Car, nous l'avons souligné plus haut, par-delà les manifestations

---

adultes ; histoire de s'assurer de la stricte observance les principes éducatifs reçus des leur parent en termes du respect de l'orthodoxie dans leurs différents modes de fonctionnement, de leurs objectifs essentiels et de leurs fondements qui définissent, en quelque sorte, leurs essences ou leurs substances respectives. C'est ce qui justifie ce travail d'investigation philosophique sur les fondements de ce fils de la philosophie devenu majeur, à savoir le droit, du fait de quelques dérapages observés dans ce domaine par les prestidigitateurs américains des droits de l'homme, lesquels dévoient littéralement les fondements moraux du droit.

[199] H. Battifol, *Problèmes de base de la philosophie du droit*, Paris, L.G.D.J., 1979, p.8.

[200] E. Kant, *Principes métaphysiques de la philosophie du droit* (1797) ; Hegel, *Principes de la philosophie du droit* (1821).

[201] Jean-Louis Bergel, *op.cit.*, p.19.

tangibles et empiriques du Droit que sont les lois, les jugements, les actes juridiques, etc., qui ont une dimension factuelle avérée, il existe une métaphysique fondamentale de l'ordonnancement juridique, dont les caractéristiques essentielles sont l'éternité et l'universalité ; lesquelles caractéristiques ne cèdent devant aucune tentative de dévoiement ou de dénaturation du droit, pas même celle des illusionnistes américains des droits de l'homme, qui nourrissent la détestable ambition de réduire les droits aux intérêts et aux besoins purement égoïstes, voire égotistes. La philosophie du droit définit donc l'idéal du droit.

Toute règle juridique est fondée sur les valeurs morales et sociales : la justice, l'équité, l'intérêt général, la sécurité juridique, le progrès social, etc. Les doctrines et les systèmes juridiques diffèrent en fonction des valeurs sur lesquelles ils mettent un point d'honneur. Autrement dit, les doctrines et les systèmes juridiques se distinguent sur la base des finalités qu'elles poursuivent. Ainsi, aux différentes tendances de la pensée juridique correspondent les finalités du droit. C'est dire que la philosophie du droit s'intéresse non seulement aux fondements du droit mais également à ses finalités. Toutes choses qui participent de la métaphysique juridique. Mais avant de parler des finalités proprement dites du droit, il serait logique de commencer par décliner les différentes tendances de la philosophie du droit sur lesquelles repose le finalisme pluraliste de l'ordonnancement juridique.

II. Les principales tendances de la philosophie du droit

Les nuances de la pensée juridique sont légion, de sorte qu'il serait prétentieux de vouloir en faire une étude systématique et détaillée, et même d'épiloguer les mérites de telle ou telle doctrine. Aussi allons nous nous borner à évoquer sommairement les principales tendances de la philosophie du droit, parce que les plus susceptibles d'inspirer les choix fondamentaux des divers systèmes juridiques. Certains auteurs distinguent les « écoles formalistes » qui privilégient la valeur sociale de la sécurité juridique grâce à la forme extérieure de la règle de droit, les « écoles idéalistes », poursuivant un idéal de justice et faisant de l'ordre juridique un ordre moral, et les « écoles réalistes », centrées sur le progrès social.[202]Mais la plupart des auteurs perçoivent dans l'histoire des idées, sur le fondement et les finalités du droit, deux grands courants[203]dont la distinction traduit un choix fondamental entre les tendances idéalistes et les tendances positivistes.

II.1. L'idéalisme juridique

L'idéalisme juridique prend appui sur les doctrines du « droit naturel » et l'assertion suivant laquelle il existe un idéal de justice qui surplombe le droit positif et s'impose au pouvoir étatique et au législateur lui-même comme un impératif. C'est dans ce sens que Jean-Louis Bergel affirme que « les diverses tendances « jusnaturalistes » ont en commun certaines idées essentielles : l'affirmation que le droit naturel procède de la nature, l'existence de principes non écrits supérieurs au droit positif et qui s'imposent à lui, la primauté de la recherche de la justice sur le respect de la légalité, la permanence de certaines valeurs qui l'emportent sur celles que consacrent les hommes d'État[204] ».

Cette doctrine postule que les hommes seraient tout à fait fondés à enfreindre aux règles qui sont en porte-à-faux avec les principes supérieurs du droit idéal, c'est-à-dire les principes rattachés au paradigme axiologique qu'est la justice. Cette philosophie qu'exprime l'Antigone de Sophocle ou le « De republica » de Cicéron dans la fameuse maxime

---

[202] *Ibid.*, p.20.

[203] J. Carbonnier, *Droit civil, Introduction – Les personnes*, Paris, P.U.F., 11e édition, 1989.

[204204] Jean-Louis Bergel, *op.cit.*, p.21.

« Summum jus, summa injuria », fut reprise par les théologiens du Moyen-Age, puis par « l'école du droit de la nature et des gens ». La même philosophie a inspiré la Déclaration des droits de l'homme et du citoyen de 1789 et le code Napoléon ; l'art. 1er de l'avant-projet de Code Civil, rédigé en l'an XVIII précisait : « Il existe un droit universel et immuable, source de toutes les législations positives, il n'est que la raison naturelle en tant qu'elle gouverne les hommes ». Elle est l'objet de diverses redéfinitions par les courants idéalistes qui ont resurgi dès la fin du XIXe siècle.

Schématiquement, la philosophie idéaliste s'est développée dans l'Antiquité, au Moyen-Age, aux XVIIe et XVIIIe siècles et à l'époque moderne, selon des contenus différents[205].

Pour Platon, le droit est destiné à découvrir ce qui est juste entre les hommes et dans la conscience individuelle, de sorte qu'une harmonie s'impose entre la justice et le droit. Aristote quant à lui pense que le droit devrait s'arrimer à l'harmonie de l'ordre naturel. Dans cette optique, est juste, ce qui est en parfaite cohérence avec cet ordre naturel et se déduit de la seule observation des choses, des êtres et des sociétés humaines dont il faut tirer la finalité et l'essence pour déterminer ce que doit être le Droit. La vision aristotélicienne dégage donc le droit naturel à partir d'une approche réaliste et souple du monde, mais implique aussi l'établissement par chaque cité d'une loi humaine destinée à le compléter et le parfaire. Le droit positif joue ainsi un rôle complémentaire, voire d'adjuvant par rapport au droit naturel auquel la justice est consubstantielle. D'autres courants de pensée, l'école stoïcienne notamment, plus rattachés à la morale qu'au droit, devaient, quant à eux, accuser davantage les différences entre le droit naturel et le droit positif. Cicéron réaffirme plus tard,

---

[205205] J. Carbonnier, *op.cit.*, p.9.

au-delà du droit positif, l'existence d'un droit idéal, immuable et intemporel.

La doctrine chrétienne fut exprimée par saint Augustin, distinguant de la loi profane le « primat » de la justice et de la morale issue de l'Ecriture Sainte, et surtout par l'œuvre de saint Thomas d'Aquin pour qui la loi naturelle est un reflet de la loi divine éternelle qui ordonne le monde. Pour saint Thomas, le droit naturel se situe entre la loi éternelle et la loi positive. Le droit naturel procède de la loi divine exprimée dans l'Ecriture Sainte et perceptible par la raison et l'intelligence humaine. Mais il évolue et n'offre que des directives que doit compléter et préciser le droit positif. La loi humaine doit dès lors être juste et destinée au bien commun des peuples qu'elle régit pour devoir être observée. Elle n'a plus, au contraire, à être respectée si elle s'oppose aux intérêts de Dieu et de la raison.

A cette doctrine d'inspiration religieuse, s'oppose celle de l'Ecole du Droit naturel qui, aux XVIIe et XVIIIe siècles, s'est développée à partir de la pensée de Grotius[206]et qui est une doctrine laïque. L'idée du droit naturel a alors servi de base au « droit des gens », autrement dit au droit international public : « la raison naturelle » apparut comme le seul moyen, en l'absence d'autorités supérieures aux États, de régir leurs rapports autrement que par la force. Le droit naturel ne procède plus alors de Dieu mais de la nature sociale de l'homme dont la raison humaine dégage les principes d'un droit naturel universel et immuable, fait de règles indépendantes du temps et des civilisations et d'une absolue rigidité. Grotius admettait aussi, outre ce droit rationnel, l'existence d'un droit volontaire issu du consentement du peuple et consacrant des règles assises sur la volonté concordante des individus.

---

[206] Hugo De Groot dit Grotius (1583-1645), *Du droit de la guerre et de la paix*(1625), Paris, Vrin, 1999.

Cela évoque la théorie du « contrat social », développée ensuite par Locke, Hobbes et Rousseau, centrée sur l'homme à l'état de nature, et non sur le monde, et orientée vers les lois naturelles dérivant de l'être humain, de sa liberté et de sa volonté. Dans la pensée de Rousseau, l'individu ne peut pas se soustraire à la volonté générale, puisque c'est par elle que s'exprime sa propre volonté.

La philosophie dominante du XVIIIe siècle exalte donc la nature humaine et rattache les valeurs essentielles à l'être humain. Elle conduit alors à promouvoir les droits subjectifs : les droits de l'individu sont des droits naturels.

En définitive, l'idéalisme juridique postule qu'il existe un idéal de justice, et donc une téléologie morale qui surplombe et détermine le droit positif. Il y a donc des principes non écrits supérieurs au droit et s'imposent à lui. En plus, la philosophie idéaliste indique que le droit naturel est la mamelle nourricière du droit positif. Cependant, ces conceptions idéalistes du droit, pour pertinentes qu'elles soient, ne résistent pas à la dynamique positiviste ; elles sont en effet battues en brèche par les conceptions positivistes, lesquelles ont en horreur toute posture métaphysique.

II.2. Le positivisme juridique

La constante épistémologique du positivisme juridique, c'est la disqualification de toute métaphysique juridique, de toute justice transcendante et toute idée de droit naturel, tout en jetant son dévolu sur la seule connaissance de la réalité positive, factuelle, juridique ou scientifique. La diversité des doctrines positivistes est liée à la pluralité des « réalités positives ».

Le positivisme juridique consiste à ne reconnaître de valeur qu'aux seules règles de droit positif et à réduire tout le droit aux règles en vigueur à une époque donnée et dans un État donné, sans se préoccuper de savoir s'il est juste ou non.

« Le droit apparaît alors, écrit Jean-Louis Bergel, comme une discipline autonome qui s'identifie à la volonté de l'État dont il est l'expression. Il ne saurait donc y avoir de conflit entre le Droit et l'État qui en est la source unique et dont l'évolution ou les mutations entraînent des variations correspondantes du droit[207] ». Le droit est donc une affaire exclusivement étatique qui n'obéit à une logique qui soit extérieure à la volonté de l'État. Le droit se réduit à un phénomène étatique et souvent à l'arbitraire du pouvoir ou à la politique de la force. Les doctrines positivistes ont souvent eu pour origine les incertitudes engendrées par la diversité des droits positifs et l'impression que toute idée immuable et universelle du juste est par conséquent artificielle.

Cette doctrine est incarnée par tous les auteurs de tendance absolutiste inspirés ou non par la pensée chrétienne. Ainsi, au XVIe siècle, Jean Bodin, théoricien de la monarchie absolue et, au XVIIe siècle, Bossuet, chantre du pouvoir des rois, ont lié le droit à la souveraineté monarchique, tout en soumettant celle-ci au respect des « lois divines et naturelles ». Au contraire, Machiavel avait, auparavant, soutenu que l'État et le droit positif ne sont nullement soumis au droit naturel ni à la morale et que, dès que l'intérêt de l'État est en cause, le Prince ne doit pas hésiter sur les moyens que le succès justifie *a posteriori*. Hobbes, ensuite, associa la notion de contrat social et celle de pouvoir absolu : par l'effet d'un contrat social destiné à garantir l'ordre, les hommes reconnaissent le pouvoir de légiférer à un monarque absolu dont les lois ne peuvent qu'être justes parce que destinées à l'intérêt général, même si elles sont contraires à la volonté divine.

Le positivisme étatique fut ensuite affirmé au XVIIIe dans l'œuvre de Hegel. Tentant de réconcilier les contradictions de l'histoire et l'unité de la raison et de résorber l'opposition du

---

[207] Jean-Louis Bergel, *op.cit.*, p.24.

réel et de la pensée par la dialectique, Hegel[208]chercha à identifier le rationnel et le réel, consacra la suprématie de l'État et expliqua le droit par le fait accompli et la force, le droit s'identifiant à l'État. De même, le juriste allemand Ihering[209]voyait dans l'État la seule source du droit ; s'attachant à la contrainte inhérente à la règle de droit, il ne reconnaissait que le droit positif dont l'État peut imposer le respect. Il affirmait alors que le droit est la « politique de la force » et qu'il n'est « qu'une arme dans les conflits de la force ». Le droit résulte ainsi, selon lui, de la lutte constante des individus, des groupes et des intérêts. On rejoint ici la célèbre formule de Pascal : « ne pouvant faire que ce qui était juste fût fort, on a fait que ce qui est fort fût juste ».

Cependant, il convient de le souligner avec force, les dangers d'un tel règne de l'État et de la force n'échappent à personne. Les pires abus et les plus atroces excès pourraient ainsi être légitimés. L'arbitraire, le mépris de la dignité de l'homme, toutes les barbaries et toutes les injustices, les totalitarismes les plus sanguinaires risqueraient, dans ce contexte de monopole absolu de l'initiative juridique par l'État, d'être consacrés par le droit.

L'architecture intellectuelle positiviste relative à la source de l'ordonnancement juridique est antinomique l'essence même du droit telle que conçue depuis l'Antiquité grecque, laquelle était intimement liée à un paradigmatisme axiologique dont la vocation première était de polir la conduite de l'homme dans ses rapports avec son prochain, et donc de garantir l'harmonie sociale. Du coup, il devient humainement inconséquent d'adhérer au pragmatisme aveugle et déficitaire du positivisme juridique au « prétexte d'une construction intellectuelle rigoureuse, du culte de l'autorité ni du mythe de l'efficacité. Il est des déséquilibres

---

208208 *Op.,cit.*

209 *Le but dans le droit*, 1878, V° Patie.

sociaux et des forces morales qui dominent les phénomènes de production du Droit. Si le Droit a besoin de la contrainte publique pour être imposé à ceux qui le méconnaissent, on ne peut imaginer sans frémir que le droit s'identifie à la force : que des crimes seraient alors légitimés[210] ». On ne saurait être plus clair sur les dérapages que charrie le positivisme juridique, lesquels sont susceptibles de dévoyer non seulement les fondements l'ordonnancement juridique mais aussi ses finalités.

II.3. Les finalités du droit

La théorisation des finalités du droit est trop souvent escamotée ou négligée parce que jugée à tort comme superfétatoire. Cette posture intellectuelle est le fait d'un pragmatisme grossier et contre productif dont font montre certains théoriciens du droit plus enclins à ne se préoccuper que des réalités concrètes et de l'efficacité immédiate des solutions, sans s'interroger le moins du monde sur le sens à donner à celles-ci, encore moins sur les valeurs que poursuit et consacre le droit, tant elles sont multiples, diversifiées, fugaces, fuyantes et parfois subjectives. Mais le pluralisme axiologique dont est assortie la dimension téléologique du droit ne saurait justifier le défaitisme et le laxisme théorique, analytique et conceptuel manifestés chez des penseurs de la chose juridique. Car il est difficile de disqualifier ce truisme repris ici par Jean-Louis Bergel avec beaucoup de pertinence, et dont le mérite est de mettre en exergue la place ô combien importante qu'occupent les valeurs dans la définition et l'implémentation des règles et des systèmes juridiques : « certaines valeurs fondamentales s'expriment dans les règles de droit, la doctrine et la jurisprudence, autrement dit qu'elles inspirent l'élaboration, l'application et l'évolution du Droit. Ni les praticiens, ni les théoriciens ne peuvent s'abstraire des

---

[210] Jean-Louis Bergel, *op.cit.*, p.25.

finalités du système juridique ou des règles de droit pour en comprendre le sens, en guider l'interprétation, en orienter l'application ou prévoir l'évolution[211] ».

Il en ressort que le discours sur les finalités des règles de droit ou des systèmes juridiques a bel et bien sa raison d'être, il a pour fonction de les rendre intelligibles, de leur donner un sens ; bref, il leur apporte de la valeur ajoutée en termes herméneutiques. Le discours sur la perspective téléologique de l'ordonnancement juridique est donc une herméneutique juridique, dont l'expertise devrait être conquise et acquise par les spécialistes du domaine dans l'optique d'une approche globale du fait social qu'est le droit. L'herméneutique juridique amène à s'interroger sur l'acceptabilité ou la recevabilité morale et sociale d'une solution de droit relativement à un contexte sociologique bien déterminé. « Le raisonnement juridique, affirme Jean-Louis Bergel, ne se réduit pas à une simple déduction formelle et logique, mais est une constante confrontation entre la valeur d'une solution et sa cohérence avec le système juridique[212] » ; lequel système est le reflet du référentiel culturel et traditionnel d'une société. Il revêt alors une charge symbolique de premier ordre, qui traduit une sorte de compromis entre les différentes entités identitaires encore appelées composantes sociologiques d'une communauté politique. Il rejaillit encore ici la transcendance spirituelle ou symbolique du droit, laquelle détermine la vision qu'une société a du phénomène juridique en rapport avec sa nomenclature axiologique.

Toutefois, nous l'avons reconnu, les finalités du droit sont multiples et les opinions y afférentes disparates, contradictoires, passionnées ou incertaines, de sorte que leur cacophonie est déconcertante et jette du même coup un épais

---

[211] *Ibid.*, p.28.

[212] C. Perelman, *Logique juridique – Nouvelle rhétorique*, Paris, éditions Dalloz, 1979, p.46.

brouillard sur le bien fondé même de l'herméneutique juridique dans une perspective téléologique. Pour remédier à ce confusionnisme contre productif, il est bon de les répertorier et les regrouper par affinités. Selon la sensibilité des auteurs, le droit doit tendre vers « le juste partage, la bonne conduite des individus, leur utilité, leur plaisir, leur sécurité, leur bien-être »…ou vers « la puissance de la nation, le progrès de l'humanité, le fonctionnement régulier de l'organisme social »…[213]

D'autres évoquent, outre les finalités traditionnelles que sont la justice, l'ordre, la sécurité ou le progrès, des finalités politiques comme la trilogie fameuse de la liberté, l'égalité et la fraternité ou des garanties plus spécialement économiques et sociales que matérialisent les aspirations actuelles du droit au travail, à la santé, à la vie, des consommateurs…[214]A diversifier ainsi les finalités du droit, on risque de les perdre de vue et de les confondre avec de simples règles techniques qui n'en sont que des manifestations. Ainsi, comme Villey, on peut concevoir pour le droit quatre grandes finalités : la justice, la bonne conduite, le service des hommes et le service de la société. Ces diverses perspectives ne s'excluent pas nécessairement les unes les autres. Il semble même de plus en plus plausible de les concilier. « Notre conception du droit, écrit René David, vise à combiner dans une idée de justice des considérations tirées de la morale et de l'équité, et des considérations d'utilité sociale et d'efficacité matérielle. L'autonomie du droit est liée à celle d'un équilibre, que nous jugerons nécessaire, entre ces deux ordres de considérations[215] ». Bien plus, il semble établi aujourd'hui

---

[213] M. Villey, « Philosophie du Droit – définitions et fins du droit », in *Arch. Philosophie du droit*, T.XXVI, 1981, p.51.

[214] A. Weill et F. Terré, *Droit Civil, Introduction générale*, Paris, Dalloz, 1985, p. 32.

[215] R. David, « Le dépassement du droit et les systèmes juridiques contemporains », *Arch. De Philosophie du droit*, T. VIII, 1963, p.19.

que les divers systèmes juridiques soient toujours confrontés à deux grandes alternatives : la justice ou l'utilité d'une part, l'individualisme ou le collectivisme d'autre part.

II.3.1. Justice ou utilité

Dans le sillage de philosophes anglais tels J. Bentham[216] puis J. Stuart Mill et selon un important courant actuel de la pensée américaine, dans lequel se situent fatalement ceux que nous avons appelés les prestidigitateurs ou les illusionnistes des droits de l'homme, « l'utile » est le principe de toutes les valeurs dans le domaine de la connaissance, comme dans celui de l'action. Il s'agit, en général, de parvenir à la « maximisation du plaisir » du plus grand nombre de gens possible dans un groupe social et d'éviter la douleur et la souffrance. L'implémentation d'une action obéit donc à une « arithmétique du plaisir », où la proportion du plaisir doit nécessairement être plus importante que celle de la douleur. Dans ce contexte, le droit a alors pour objet d'établir les règles de conduite capables de conduire « au plus grand bonheur du plus grand nombre ». Pour conjuguer le bonheur personnel et le bonheur général, l'utilitarisme se nourrit d'un critère moral consistant à apprécier la qualité d'une action à l'aune de ses conséquences sur la vie individuelle et sociale. Bien qu'individualiste et libéral, J. Stuart Mill prôna l'intervention de l'État en faveur de la classe déshéritée, une modification du droit de propriété, les coopératives, la libération politique de la femme…L'utilitarisme valorise l'esprit d'entreprise, la compétition, la croissance, de même qu'il cherche des correctifs aux abus individuels ou collectifs. Mais le pécher mignon de l'utilitarisme, ainsi que le souligne Villey, c'est « d'ignorer les fins qu'il faut poursuivre et à

---

[216] J. Bentham, *Introduction aux principes de la morale et de la législation*(1789), Paris, Vrin, 2005.

quoi il faut être utile : pourquoi la production, pourquoi le progrès ?[217] ».

Autrement dit, l'utilitarisme est oublieux de la finalité qui sous-tend un acte juridique, la croissance et le progrès économique et social. L'argument opposable au pragmatisme utilitariste, en effet, est que le droit ne saurait être réductible une « usine à produire l'ordre social » sans un quelconque enracinement moral ; il est plutôt un art caractérisé par la fin qu'il poursuit et que, dans les traces d'Aristote ou de saint Thomas, « la fin du Droit, c'est le juste ». La fonction du droit consiste alors « à déterminer la proportion la plus juste entre des intérêts[218] ». Ainsi, par exemple, le droit de manipuler génétiquement un être humain brandi par les illusionnistes américains des droits de l'homme, obéit à un intérêt des couples nantis : celui d'avoir une progéniture ayant un profil psycho-somatique des plus sophistiqués et des plus enviables. Mais se posent-ils un seul instant la question suivante : est-il juste de porter atteinte à l'intégrité ontologique ou naturelle d'autrui, et donc à son individualité et à son autonomie, fût-il un être embryonnaire ou en construction ? Comment trouver le juste milieu entre l'intérêt des conjoints qui désirent avoir un enfant qui aurait une intelligence prodigieuse, et celui de l'embryon qui a droit à une intégrité ontologique et donc à une dignité en tant que être humain en puissance ? Entre les deux intérêts en conflit, quel en est le plus juste ou le plus justifiable moralement ? Surtout lorsqu'on sait avec Roubier que « l'idée de la justice est l'idée d'un ordre supérieur qui doit régner dans le monde et qui assurera le triomphe des intérêts les plus respectables[219] ».

---

[217] M. Villey, « L'utile et le juste », in *Arch. Philosophie du droit*, T.XXVI (1981). Préface p.6-7.
[218] *Ibid.*, p.10.
[219] P. Roubier, cité par Bergel, *op.cit.*, p.30.

On comprend en tout cas toute la profondeur et la pertinence de l'approche aristotélico-thomiste de la téléologie du droit, à savoir la justice. Mais quelle peut bien être la critériologie du « juste » ? Selon Gény, « les règles de droit visent nécessairement et...exclusivement, à réaliser la justice, que nous concevons tout au moins sous la forme d'une idée du juste... Au fond, le droit ne trouve son contenu, propre et spécifique, que dans la notion du juste, notion primaire, irréductible et indéfinissable impliquant essentiellement... non pas seulement les préceptes élémentaires de ne faire tort à personne... et d'attribuer à chacun son dû, mais la pensée la plus profonde d'un équilibre à établir entre les intérêts en conflit, en vue d'assurer l'ordre essentiel au maintien et au progrès de la société humaine[220] ». Il est vrai que la justice se définit différemment pour les moralistes et pour les juristes. Pour les uns, c'est la « volonté constante et continue de rendre à chacun ce qui lui revient[221] » : c'est la définition de Cicéron, puis de saint Augustin et de saint Thomas d'Aquin. La justice ne se limite pas alors à un devoir abandonné à la conscience de chacun ; elle porte en elle-même sa propre exigibilité en ce sens qu'elle s'impose par elle-même ou par l'intermédiaire de certaines personnes ou de certains organes. Pour les autres, la justice est « un équilibre par la concordance effective des prétentions des uns avec les devoirs des autres[222] ».

On le voit, l'une et l'autre définition du « juste » est antinomique à l'approche utilitariste de la finalité du droit. Celle-ci se révèle moralement irrecevable, parce qu'elle ne se soucie guère de la fin d'une action, mais plutôt de son utilité et de son efficacité en termes de procuration du plaisir. En revanche, l'approche aristotélico-thomiste, dont le maître-mot est la justice, semble plus accomplissante à la fois pour le

---

[220]F. Gény, cité par Jean-Louis Bergel, *ibid.*, p.16.
[221] P. Roubier, cité par Bergel, *ibid.*, p.30.
[222] G. Gurbier, cité par Bergel, *ibid.*

corps social et pour l'humain. Toutefois, l'opposition entre le juste et l'utile n'est pas insurmontable. Le positivisme a bien compris cela en fondant le « juste » et « l'utile » dans le réel. Il est vrai que l'utilité comme la justice sont des notions inévitablement relatives, mouvantes et subjectives. Mais l'utile et le juste peuvent parfaitement coïncider. La force obligatoire du contrat, les sanctions pénales ou civiles, le respect des droits de l'homme… sont à la fois justes et utiles. Dès lors, les considérations de justice et d'utilité dans les modalités techniques dont ils sont dotés par le droit positif dépendent du choix entre d'autres finalités possibles du Droit. S'agit-il de justice individuelle ou collective ou d'utilité particulière ou générale ?

II.3.2. Individualisme et collectivisme

On oppose toujours, avec passion, individualisme et collectivisme. L'individualisme, fondé sur la doctrine philosophique affirmant la réalité propre des individus au détriment des genres et des espèces, s'exprime par les théories qui voient dans l'individu la valeur essentielle au plan politique, économique et moral et implique le développement des droits et des responsabilités de l'individu. Le collectivisme, au contraire, s'attache à la doctrine et au régime social fondé fondés sur la propriété collective des moyens de production et d'échange et les pouvoirs de l'État. La confrontation de l'individualisme et du collectivisme équivaut à l'antagonisme traditionnel du capitalisme et du socialisme ou du libéralisme et du dirigisme. Il s'agit alors, avant tout, d'analyses politiques. Mais cela a des implications directes dans le domaine juridique, car il est difficile de méconnaître les liens quasi naturels qui unissent le droit et la politique. Certains, comme Burdeau, soulignent que la politique cherche à se justifier par le droit, comme l'État lui-même, et crée des règles de droit pour servir son but, si bien qu'il existe des tensions constantes entre le droit et la politique, avec un développement constant de l'empire du droit. On hésite alors à analyser le droit comme un instrument au service de la politique ou, au contraire, à subordonner la politique au Droit. Mais le droit peut, peut-être se définir comme « la dialectique entre la politique et l'éthique » et apparaître comme une « médiation » entre la politique et la morale. Le débat idéologique entre l'individualisme et collectivisme détermine alors, sur le terrain juridique, la question des droits subjectifs[223].

Dans la pensée individualiste, la personne humaine constitue la fin suprême du Droit, autrement dit, les règles de droit ne sont établies qu'en fonction de l'homme lui-même. Elles sont élaborées en vue de l'épanouissement de son humanité. Celle-ci étant un idéal à conquérir, les règles juridiques qui sont assorties, nous l'avons indiqué plus haut, de la valeur qui leur confère une transcendance par rapport à la réalité empirique, permettent à l'homme de s'élever au-dessus de l'instinctivité pour se rapprocher le plus possible de son humanité au travers d'une conduite policée, civilisée et donc garante l'harmonie avec son semblable. Mais cette harmonie n'est nullement recherchée pour elle-même ou alors pour la société en soi. Car dans l'optique individualiste, les règles juridiques sont à la solde de l'accomplissement de l'humain moyennant l'harmonie sociale. Ainsi, « c'est la société qui est faite pour l'homme, disait Roubier, et non pas l'homme pour la société[224] ». L'État et la société doivent assurer la dignité de la personne humaine et la liberté car ce ne sont que des « constructions » ou des institutions permettant à l'homme de faire valoir ses droits et de les exercer. La règle de droit devant imposer à tous de respecter les droits individuels de chacun, elle implique des limitations réciproques de ces droits et associe à l'idée de droit une

---

[223] Jean-Louis Bergel, *ibid.*, p.34.
[224] Cité par Bergel, *ibid.*

obligation. Ainsi, pour Kant, le Droit est « l'ensemble des conditions » qui permettent la coexistence « des libertés » individuelles et celle de la faculté d'agir de chacun avec celle des autres. La liberté apparaît comme le bien suprême et le « droit inné » de l'homme que l'État a pour fonction de protéger.[225]Le droit objectif est alors « un système de droits subjectifs, assorti de ses instruments, c'est-à-dire des lois qui définissent, mesurent, limitent et garantissent les pouvoirs des individus[226] ». Cette conception a triomphé en France sous la Révolution ; mais elle a permis les abus d'un libéralisme échevelé et suscité, par réaction, l'affirmation de doctrines sociales et collectivistes.

La pensée collectiviste contemporaine s'appuie surtout sur celle de Hegel et de Marx. Dans l'œuvre de Hegel,[227]le droit a pour seule finalité, au terme du cheminement dialectique de l'auteur, le service de la communauté ; le « droit de l'État » l'emporte sur tous les droits subjectifs des particuliers. Ainsi, « l'individu est immolé à la chose publique ». L'État n'est plus un instrument au service des individus, mais une réalité autonome « en soi et pour soi[228] ».

Dans l'œuvre de Karl Marx, on sait que le droit, ensemble de moyens par lesquels la classe bourgeoise assure sa domination économique selon ses intérêts collectifs, doit devenir un outil du prolétariat dans sa lutte contre l'ancienne classe dominante jusqu'à ce que, dans la société communiste, sa disparition accompagne le dépérissement de l'État.

Dans cette perspective, la société est la valeur suprême à protéger et le droit doit s'établir en fonction du groupe social,

---

[225] E. Kant, *Principes métaphysiques premiers de la Doctrine du Droit*(1796), Paris, Vrin, 1996, trad. Tissot, p.43 et s.
[226] *Ibid.*
[227] Hegel, *Traits fondamentaux de la philosophie du droit*(1821), Paris, Vrin, 2000, p.96.
[228] *Ibid.*, p.75.

non de l'individu. Cela débouche aisément sur le « socialisme d'État » où le droit devient un ensemble de moyens par lesquels un groupe humain protège ses conditions vitales de développement et où les rapports juridiques s'appuient sur des institutions à finalité collective des richesses et à l'assujettissement de l'individu à la collectivité.

En définitive, la doctrine individualiste prône la suprématie des droits innés de la personne humaine et donne au Droit mission de les protéger ; les doctrines sociales affirment la supériorité de la société sur l'homme et confient au droit l'organisation de la discipline à laquelle les individus doivent se conformer au nom de l'intérêt général. Mais de même qu'il ne paraît plus guère possible d'abandonner les relations sociales à la totale liberté des particuliers, ce qui conduit à ignorer les devoirs des hommes envers la société et à permettre d'insupportables abus et de tragiques sacrifices, le collectivisme a des aspects irréalistes et oppressifs inadmissibles. L'asservissement de l'individu, l'absolutisme d'un pouvoir central trop concentré, appuyé sur des moyens de contrainte parfois abusifs, ne parviennent pas à enrichir le corps social : faute de motivations individuelles, la stimulation de la production et de l'activité est insuffisante et l'économie déficiente. On voit alors se développer, notamment en Europe occidentale, des formules intermédiaires qui associent la protection de l'individu et les exigences de la société.

CONCLUSION

Parvenu au terme de notre analyse, il nous est apparu, contrairement à ce qu'on pense généralement, que les droits de l'homme ne sont pas une génération spontanée, loin s'en faut. Ils plongent en effet leurs racines dans la lointaine Antiquité grecque où Socrate et les autres Athéniens promurent et établirent la liberté comme un droit fondamental de l'homme. Toutefois, les Anciens avaient une conception particulière de la notion de liberté. Ils la concevaient en effet comme un privilège dévolu à chaque citoyen de s'occuper des affaires publiques synonyme du bonheur, lesquelles ne relèvent pas à leurs yeux du monopole étatique. Cette vision de la liberté tranche nette avec celle développée par les Modernes. Pour ceux-ci, la liberté consiste à vaquer librement aux occupations privées qui constituent l'enjeu du bonheur. Il s'agit alors d'un espace de bonheur privé à protéger contre d'éventuels empiétements de l'État qui manifeste très souvent des velléités despotiques. Mais le droit à la liberté tel que perçu aussi bien par les Anciens que par les Modernes présente une constante : il est fondé sur la lumière naturelle ou la raison dans sa déclinaison comme faculté normative, et dans le cas d'espèce, il est question de la normativité juridique.

Depuis quelques années, une génération de droits de l'homme d'un genre particulier a fait son apparition à la faveur de l'avènement de l'ingénierie procréatique. La particularité de cette nouvelle génération des droits de l'homme, dont les auteurs se recrutent davantage chez les Américains, c'est qu'ils ne sont adossés ni sur la raison, fondement de toute norme juridique, ni sur le droit naturel qui est l'une des sources du droit positif : voilà pourquoi nous les avons qualifiés de bâtards. Il s'agit d'une constellation des désirs, des besoins et des intérêts suscités par la dynamique biomédicale impulsée par la découverte en 1972 du génie génétique ; laquelle dynamique fait prospérer des espérances de tout acabit à la fois auprès des populations consommatrices prouesses biomédicales, à l'instar de la médecine régénératrice, du diagnostic préimplantatoire (DPI) ou encore du clonage humain de plus en plus envisagé, et auprès des hommes de science, véritables industriels du biojuridisme, notamment ceux que nous avons appelés les prestidigitateurs ou illusionnistes américains des droits de l'homme.

A la vérité, ainsi que l'a reconnu leur compatriote Francis Fukuyama, ces derniers, du fait de l'utilitarisme et du pragmatisme qui gangrènent la société américaine, confondent désirs, intérêts et droits. Or les désirs et les intérêts, parce que dictés par la conjoncture, sont essentiellement fongibles, c'est-à-dire fugaces, mouvants et évanescents. En revanche, les droits quoique rarement immuables, puisque s'arrimant continuellement à l'évolution de la société, sont moins flexibles que les intérêts et les désirs. Bien plus, les intérêts sont régis par le sentiment d'égoïsme et, du coup, ils sont frappés d'une incapacité à pouvoir s'universaliser. Par contre, les droits jouissent d'une légitimité certaine, en ce sens qu'ils sont assortis d'une dimension morale qui leur confère une universalité et plasticité opératoire tout à fait indéniables.

Voilà pourquoi nous nous insurgeons contre le dévoiement des fondements des droits de l'homme orchestré par les biojuristes nihilistes américains, lequel pourrait être une source de disharmonie sociale et du recul de l'humain du fait de l'érection de l'instinct égoïste et égotique en référentiel pour la conduite humaine. Le droit, en tant qu'ensemble de règles de conduite régissant les rapports interindividuels dans une société organisée, est en soi un produit des faits sociaux et de la volonté de l'homme, un phénomène matériel. Mais par-delà les manifestations phénoménologiques, il est fondamentalement le produit des valeurs morales. La valeur consiste en un principe idéal auquel se réfèrent communément les membres d'une collectivité pour fonder leur jugement et diriger leur conduite. Elle est donc un principe référentiel, paradigmatique et archétypique qui détermine et régule la conduite humaine en société. En d'autres termes, la valeur confère à la règle juridique, comme à toute autre règle de conduite humaine d'ailleurs, une transcendance par rapport au fait en vue de fixer le cap du devoir-être. Elle situe la règle juridique à une certaine distance de la réalité sensible, empirique, naturelle. C'est précisément cette transcendance qui génère les caractères de généralité et d'abstraction à la règle juridique. En somme, la valeur se présente comme ce qui doit être, elle montre comment ce qui est devrait être, et emporte ainsi l'impératif de la règle et donc sa sanction. Parce que la règle de droit est porteuse d'une valeur et pose donc ainsi ce qui doit être, elle est sanctionnée. Le mot sanction dérive du mot latin *sanctio*, dérivant de *sancire* qui signifie rendre inviolable, consacrer. Le caractère coercitif et contraignant de la règle juridique est ainsi consacré par la légitimité morale, normative et axiologique dont elle assortie.

Aussi prônons-nous un ré-enracinement moral ou métaphysique de l'ordonnancement juridique auquel doit s'arrimer la normativité juridique contemporaine induite par la révolution biomédicale, à l'effet de préserver la vocation humanisante et socialisante originel du droit.

REFERENCES BIBLIOGRAPHIQUES

I. OUVRAGES

Aristote, *Les politiques*, trad. Pierre Pelleguin, Paris, Flammarion, 1993.

Arondel, P., *L'impasse libérale*, Paris, Desclée de Brouwer, 1995.

Bacon, F., *La Nouvelle Atlantide*(1623), trad. Jean Tricot, Paris, PUF, 1990.

Battifol, H., *Problèmes de base de la philosophie du droit*, Paris, L.G.D.J., 1979.

Baudart, *Histoire de la philosophie*, Paris, Vrin, 1999.

Becker, G., *An Economic Approach to human Behavior*, Chicago, 1976.

Beckwith, J., *Making Genes, Making Waves: a Social Activist in Science*, Harvard, Harvard University Press, 2002.

Bentham, J., *Introduction aux principes de la morale et de la législation*(1789), trad. Georges Edison, Paris, Vrin, 2005.

Bergel, J.-L., *Méthodes du droit. Théorie générale du droit*, Paris, Dalloz, 1989.

Bréhier, E., *Histoire de la philosophie*, tome II, Paris, Quadrige/PUF, 1996.

Carbonnier, J., *Droit civil, Introduction – Les personnes*, Paris, P.U.F., 1989.

Colliard, C.-A., *Libertés Publiques*, Paris, Dalloz, 1968.

Cohen, D., *La mondialisation et ses ennemis*, Paris, Grasset et Fasquelle, 2004.

Crozier, M., *État modeste État moderne*, Paris, Editions Fayard, 1987.

De Groot dit Grotius, H., *Du droit de la guerre et de la paix*(1625), Paris, Vrin, 1999.

De Maillard, J., *Un monde sans loi*, Paris, Stock, 1998.

- *Le marché fait la loi*, Paris, Ed. Mille et une nuits, 2001.

Derathe, R., *Jean-Jacques Rousseau et la science politique de son temps*, Paris, Gallimard, 1970.

Descartes, R., *Discours de la méthode*(1637), Paris, Vrin, 1925.

Dworkin, R., *Severein Virtue : The theory and Practice of Equality*, Cambridge (Mass.), Harvard University Press, 2000.

Dumont, L., *Homo Aequalis*, Paris, Gallimard, 1977.

Ewald, F., *L'État-Providence*, Paris, Grasset, 1986.

Foucauld, M., *L'archéologie du savoir*, Paris, Gallimard, 1969.

Fourastié, J., *Les conditions de l'esprit scientifique*, Paris, Gallimard, 1966.

Fukuyama, F., *La fin de l'homme*, Paris, La Table Ronde, 2002.

Goyard-Fabre, S., *Le droit et la loi dans la philosophie de Thomas Hobbes*, Paris, Klincksieck, 1975.

Guillebaud, J.-P., *Le principe d'humanité*, Paris, 2001.

Haarscher, G., *Philosophie des droits de l'homme*, Bruxelles, Editions de l'Université de Bruxelles, 1989.

Habermas, J., *L'avenir de la nature humaine*, Paris, Gallimard, 2002.

Hegel, *Traits fondamentaux de la philosophie du droit*(1821), Paris, Vrin, 2000.

- *Principes de la philosophie du droit*, trad. Paris, Vrin, 1975.

Hobbes, T., *Le Léviathan*, trad. Du latin par François Tricaud et Martine Pécharman, Paris, Vrin, 2004.

Hottois, G. (sous la direction de), *Les mots de la bioéthique*, Bruxelles, De Boeck-Wesmael, 1993.

- *Qu'est-ce que la bioéthique ?*, Paris, Vrin, 2004.
- *Le signe et la technique*, Paris, Aubier, 1984.

Huber, G., *L'homme dupliqué*, Paris, L'archipel, 2000.

Jacob, F., *Le jeu du possible*, Paris, Fayard, 1983.

Jameson, F., *Le postmodernisme ou la logique culturelle du capitalisme tardif*, Paris, Editions Beaux-arts de Paris, 2007.

Jonas, H., *Le principe responsabilité*, Paris, Ed. Du Cerf, 1991.

Jordan, B., *Les imposteurs de la génétique*, Paris, Seuil, 2000.

Kahn, A., *L'homme, ce roseau pensant…*, Paris, Nil éditions, 2007.

Kahn, A. et Papillon, F., *Le secret de la salamandre*, Paris, Nil éditions, 2005.

Kant, E., *Principes métaphysiques de la philosophie du droit*(1797), trad. Tissot, Paris, Vrin, 1995.

Kempf, H., *Comment les riches détruisent l'environnement*, Paris, Seuil, 2007.

Kolleck, R., *Präimplantationdiagnostic*, Tübingen et Bâle, A. France, 2000.

Lecourt, D., *Humain posthumain*, Paris, P.U.F., 2003.

Locke, J., *Traité du gouvernement civil*, trad. Goyard-Fabre, Paris, Garnier-Flammarion, 1984.

- *Le second traité du gouvernement*(1689), Paris, P.U.F., 1994.

Martin, H.-P. et Schurmann, H., *Le piège de la mondialisation*, Paris, ACTES SUD, 1997.

Michaud, Y., *Humain, inhumain, trop humain*, Paris, Flammarion, 2006.

Mono Ndjana, H., *Beauté et vertu du savoir*, Yaoundé, Editions du Carrefour, 1999.

Moreau Defarges, P., *La mondialisation*(1997), Paris, P.U.F., 2005.

Morgan, T., *Regeneration*, New York, The Macmillan Company, 1901.

Morin, E., *Méthode*, tome 2 : La vie de la vie, Paris, Seuil, 1980.

Mounier, E., *Oeuvres*, tome I, Paris, Du Seuil, 1961.

Njoh-Mouelle, E., *La philosophie est-elle inutile ?*, Yaoundé, CLE, 2002.

Passet, R. et Liberman, J., *Mondialisation financière et terrorisme*, Paris, Editions Charles Léopold Mayer, 2002.

Perelman, C., *Logique juridique – Nouvelle rhétorique*, Paris, éditions Dalloz, 1979.

Platon, *Apologie de Socrate*, trad. Victor Cousin(1822), Paris, Librio, 2004.

- *La République*, trad., Paris, 1966.

Robertson, J., *Children of Choice : Freedom, and the New Reproductive Technologies*, Princeton (N.J.), Princeton University Press, 1994.

Rosanvallon, P., *La crise de l'État-Providence*, Paris, Le Seuil, 1981.

Rousseau, J.-J., *Du contrat social*, Paris, Flammarion, 2001.

Spinoza, *Traité théologico-politique*, trad. Charles Appuhn, Paris, Garnier-Frères Flammarion, 1965.

Stiglitz, J.-E., *La grande désillusion*, Paris, Fayard, 2002.

Tsala Mbani, A.L., *Biotechnologies et Nature Humaine*, Paris, L'Harmattan, 2007.

- *Les défis de la bioéthique à l'ère « éconofasciste »*, Paris, L'Harmattan, 2009.

Weill, A. et Terré, F., *Droit civil, Introduction générale*, Paris, Dalloz, 1985.

II. Articles et Journaux

Alvarado, S., « La régénération tissulaire », in *Biofutur*, 213, 48, juillet 2001.

Berger, J., « Sept niveaux de désespoir », *Manières de voir*, n° 60, novembre-décembre 2001.

Bernier, H., « Le monde diplomatique », décembre 2007.

David, R., « Le dépassement du droit et les systèmes juridiques contemporains », *Arch. De Philosophie du droit*, 1963.

Edelman, B., « Vers une approche juridique du vivant », in *La Nature, le droit et l'homme*, Paris, Christian Bourgeois, 1988.

Hottois, G., « Les technosciences dans la société », in *Revue européenne des sciences sociales*, tome xxxv, n° 108, 1997.

Huntington, S., « The Clash of Civilisations ? », *Foreign Affairs*, vol.72, n°3, été 1993.

Mono Ndjana, H., " La place de l'homme dans le nouveau système du monde", in *Humanisme et mondialisation*, Yaoundé, 2001.

Mossé, C., « Le procès de Socrate », in *La Grèce ancienne*, Paris, Société d'Editions Scientifiques, 1986.

Pol Droit, Roger, « L'identité perturbée », in *Le clonage humain*, Paris, Seuil, 1999.

Villey, M., « Philosophie du Droit – définitions et fins du droit », in *Arch. Philosophie du droit*, tome XXVI, 1981.

- « L'utile et le juste », in *Arch. Philosophie du droit*, tome XXVI, 1981.

TABLE DES MATIERES

INTRODUCTION..7

PREMIERE PARTIE
LES FONDEMENTS RATIONNELS DES DROITS DE L'HOMME CHEZ LES ANCIENS ET LES MODERNES 13

CHAPITRE PREMIER LA LIBERTE COMME SOCLE DES DROITS DE L'HOMME CHEZ LES ANCIENS...17

I. Socrate : précurseur des droits de l'homme ?................18

I.1. Libération morale 19

I.2. Libération politique 23

I.3. Libération religieuse : Socrate, ancêtre de la laïcité ?....................................26

II. Platon et l'éducation de l'âme comme facteur de libération 28

II.1. La dialectique ascendante : mouvement de l'âme vers sa libération 30

II.2. La dialectique descendante ou l'idéal humaniste de libération collective...34

CHAPITRE DEUXIEME L'APPROCHE UNIVERSALISTE MODERNE DES DROITS DE L'HOMME 39

I. La philosophie contractualiste des droits de l'homme et ses piliers..40

I.1. L'état de nature...40

I.2. Le droit naturel 45

I.3. Le contrat social...49

I.4. Le rationalisme 52

II. Les trois générations classiques des droits de l'homme et leur sous-bassement rationnel 56

II.1. La première génération des droits de l'homme.....56
II.2. Les droits de l'homme de la seconde génération ..61
II.3. Les droits de l'homme de la troisième génération et leur vacuité sémantique.....64

DEUXIEME PARTIE
VERS UN BIOJURIDISME NIHILISTE ? 69

CHAPITRE TROISIEME LA BIOMEDECINE COMME LEVIER DES FANTASMES ET DES ESPERANCES 73
I. La médecine régénératrice ou la quête d'un Eden perdu 74
I.1. Évolutionnisme et régénération.....74
I.2. Médecine régénératrice et immortalité 76
II. Génétique et médecine régénératrice 78
II.1. Génie génétique, mythe d'un monde sans maladie et quête d'immortalité.....78
II.2. Cellules souches, totipotence des cellules embryonnaires et jouvence : une analytique de la thérapie cellulaire.....84
III. Le clonage humain et son univers fantasmatique 86
III.1. Le clonage humain reproductif.....87
III.2. Le clonage humain thérapeutique 90
IV. Le diagnostic préimplantatoire (DPI) et son cortège d'espérances.....92

CHAPITRE QUATRIEME AU CŒUR DE L'INFLATION CONTEMPORAINE DES DROITS DE L'HOMME BATARDS 97
I. Les nouveaux prestidigitateurs américains du droit 98
II. Est-il légitime de breveter la découverte des paramètres biologiques ?.....107
II.1. Les partisans du brevetage du vivant 107
II.2. Les résistances au brevetage 110
III. Le brevetage du vivant : une forme de néocolonialisme ?.....113

TROISIEME PARTIE POUR UN REENRACINEMENT MORAL DU DROIT 123

CHAPITRE V L'ETIOLOGIE DE LA CRISE DES FONDEMENTS DES DROITS DE L'HOMME : L'ETHIQUE MARCHANDE NEOLIBERALE EN QUESTION 127

I. Une initiative de l'hyperpuissance étasunienne........... 127
II. La mutation technologique... 130
III. Les fondements philosophiques................................. 132
IV. Les enjeux du néolibéralisme 135
IV.1. Les enjeux politiques 136
IV.2. Les enjeux sociaux... 140
IV.3. Les enjeux culturels 146
IV.4. Les enjeux environnementaux 151

CHAPITRE VI DROIT ET MORALE : UNE FILIATION SUBSTANTIELLE À ASSUMER 159

I. La posture métaphysique fondamentale de l'ordonnancement juridique.. 160
II. Les principales tendances de la philosophie du droit. 162
II.1. L'idéalisme juridique 163
II.2. Le positivisme juridique.. 166
II.3. Les finalités du droit.. 169
II.3.1. Justice ou utilité.. 172
II.3.2. Individualisme et collectivisme........................ 175

CONCLUSION 179

REFERENCES BIBLIOGRAPHIQUES 183

Philosophie aux éditions L'Harmattan

Dernières parutions

UNE DETTE À L'ÉGARD DE LA CULTURE GRECQUE
La juste mesure d'Aristote
Kletz-Drapeau Françoise
Aristote est à la mode : en éthique médicale ou en économie, nombreux sont ceux qui s'en réclament. Une telle vogue a de quoi étonner : qu'apprend-elle, sur Aristote d'une part, sur notre époque d'autre part ? En analysant quelques œuvres où s'illustre cette étonnante juste mesure, on comprend mieux pourquoi notre siècle est obnubilé par le désir de tout mesurer, de tout évaluer. Ce bref essai repart des œuvres et donne quelques éléments pour « mesurer » l'intérêt d'Aristote aujourd'hui.
(Coll. Ouverture Philosophique, 13.50 euros, 122 p.)
ISBN : 978-2-336-00240-8, ISBN EBOOK : 978-2-296-51194-1

ÉPOQUE (L') PRÉHISTORIQUE N'EST PAS SI LOIN ! – Sortir de sa grotte
Boby De La Chapelle Philippe
Sommes-nous vraiment sortis de l'âge des cavernes dans nos comportements coutumiers et nos données traditionnelles ? Le mythe de la caverne nous concerne-t-il toujours jusque dans nos habitudes ? L'auteur nous présente ici une réflexion sur nos réflexes conditionnés par nos traditions, tant religieuses que philosophiques, qui influencent notre mentalité et servent de règles à nos comportements.
(21.00 euros, 208 p.)
ISBN : 978-2-296-99732-5, ISBN EBOOK : 978-2-296-51087-6

POLITIQUE POSTMODERNE – Généalogie du contemporain
Seguin Thomas
L'auteur réalise une relecture du corpus théorique postmoderne afin d'en dégager une grammaire politique nouvelle. C'est le parti pris de cet ouvrage que de lier la pensée politique de la postmodernité à l'analyse de la société actuelle et à sa transformation. L'objet théorique qu'il nous propose permet d'envisager et d'éclairer une série de faits sociaux et d'idées nouvelles dans notre contemporanéité mouvante.
(Coll. Logiques sociales, 28.00 euros, 278 p.)
ISBN : 978-2-296-99287-0, ISBN EBOOK : 978-2-296-51180-4

POSTMODERNISME – Une utopie moderne
Seguin Thomas
Voici décrits les principaux motifs de la théorie sociale et culturelle postmoderne en simplifiant l'abord de la pensée post-68 (Baudrillard, Deleuze, Derrida, Lyotard, Foucault, Guattari). Ce livre a pour ambition de

clarifier les incompréhensions et les erreurs qui ont alimenté les débats parfois polémiques concernant ce courant de pensée. Le postmodernisme n'est pas une constellation théorique, il déploie aussi ses valeurs propres au sein d'une utopie assumée.
(Coll. Pour Comprendre, 19.00 euros, 188 p.)
ISBN : 978-2-336-00638-3, ISBN EBOOK : 978-2-296-51176-7

DÉMOCRATIE ET LE VIVANT – Un système à l'épreuve des hommes
Gres Jean-Pierre
La démocratie contemporaine souffre d'une crise de crédibilité. Comprendre cette crise, c'est d'abord comprendre les fondements des principes et des valeurs qui font de la thèse démocratique une thèse défendable, sur le registre de la raison critique, mais aussi de l'expérience. D'où la question centrale : la démocratie peut-elle être fondée universellement, à tous les niveaux de l'organisation sociale ?
(Coll. Ouverture Philosophique, 28.00 euros, 284 p.)
ISBN : 978-2-296-99795-0, ISBN EBOOK : 978-2-296-51124-8

PROJETS FONDATIONNELS DE HUSSERL ET DE FREGE À LA PERSPECTIVE DE WITTGENSTEIN
Djibo Mamoudou
Ici le principe de contexte cher à Frege dans la préface aux *Fondements de l'Arithmétique* se nomme nécessité de doter les objets mathématiques d'un fondement théorique fiable. Husserl avança une réponse de type psychologiste dans l'exacte mesure où le sujet connaissant reste le socle irréfutable et constitutif de tous les ordres de savoirs. La thèse de Frege, quant à elle, consiste à accréditer l'idée que toute l'arithmétique pouvait être réduite aux lois de logique générale.
(Coll. Ouverture Philosophique, 24.00 euros, 236 p.)
ISBN : 978-2-336-00450-1, ISBN EBOOK : 978-2-296-51145-3

PROBLÈME DE L'ALIÉNATION – Critique des expériences dépossessives de Marx à Lukacs
Sarr Ousmane - Préface de Stéphane Haber
«En reprenant l'histoire de la thématique de l'aliénation, le livre d'Ousmane Sarr éclaire d'une lumière vive des pans entiers de la théorie sociale moderne. Cet ouvrage montre à quel point des analyses philosophiques rigoureuses, soutenues par la connaissance de l'histoire de la pensée, conservent tout leur intérêt. Elles peuvent continuer décisivement à enrichir, autant qu'à préciser, les discussions passionnées et difficiles que nous menons sur la nature de notre présent historique.» (Stéphane Haber)
(Coll. La philosophie en commun, 24.50 euros, 234 p.)
ISBN : 978-2-336-00687-1, ISBN EBOOK : 978-2-296-51118-7

DIEU DANS LA MODERNITÉ – Supprimer la religion, n'est-ce pas supprimer l'homme ?
Ramazani Bishwende Augustin
Le Dieu de la modernité se retire de l'histoire et du monde en laissant l'homme vaquer à ses affaires temporelles. Plutôt que de s'ouvrir au transcendant, il se conçoit d'abord et avant tout comme *transcendance dans l'immanence*, appelé à construire le monde et l'histoire sans nécessairement l'intervention de Dieu.

La rupture épistémologique que l'auteur préconise consiste à fixer le débat philosophique sur l'homme comme un existé fondamentalement religieux.
(Coll. Pensée Africaine, 30.00 euros, 298 p.)
ISBN : 978-2-336-00128-9, ISBN EBOOK : 978-2-296-51205-4

DIEU, MATRICE DE LA MÉTAPHYSIQUE – Metaphysica theoria - (Tome 5)
Stradda Paul-Emmanuel
Ce volume est la première étape dans la question philosophique de l'existence de Dieu. Qu'est-ce qu'être intelligent sinon la capacité de rechercher et de recevoir la vérité ? Il y a plus : la raison peut conduire à la foi, à Dieu. Et même, l'acte de foi est essentiellement un acte d'intelligence. La connaissance de Dieu vivifie la raison et la couronne. L'intelligence a été donnée par Dieu à l'homme et, avec elle, les idées dont l'être est l'âme et Dieu l'intelligence suprême.
(Coll. Ouverture Philosophique, 29.00 euros, 282 p.)
ISBN : 978-2-336-00583-6, ISBN EBOOK : 978-2-296-51188-0

ESSAI SUR L'EXISTENCE DE DIEU – Metaphysica theoria - (Tome 6)
Stradda Paul-Emmanuel
Est-il possible de démontrer l'existence de Dieu ? Est-ce nécessaire ? L'homme est capable de connaître Dieu indépendamment de la Révélation, au moyen de l'intelligence. La question est donc plutôt : y a-t-il assez de raisons de concevoir l'existence de Dieu ? Le problème de l'existence de Dieu est philosophique : il s'agit d'une démonstration rationnelle et métaphysique, à partir des données expérimentales. Sept arguments ouverts et réfléchis en faveur de l'existence de Dieu sont ici exposés.
(Coll. Ouverture Philosophique, 30.00 euros, 288 p.)
ISBN : 978-2-336-00582-9, ISBN EBOOK : 978-2-296-51189-7

LETTRE AUX CITOYENS DU MONDE
Vernhes Marc
Pour l'auteur, les violations des droits de l'homme, la misère, la violence, l'omnipotence de «l'empire de l'argent», les atteintes répétées à l'environnement, ne sont pas des fatalités. Pour combattre ces fléaux, les «citoyens du monde» doivent s'approprier un socle de valeurs communes et inventer ensemble une nouvelle forme d'humanisme. Sur ces thèmes essentiels, l'auteur nous invite à engager collectivement «un grand débat citoyen».
(11.50 euros, 78 p.)
ISBN : 978-2-336-00104-3, ISBN EBOOK : 978-2-296-50926-9

FRANCS-MAÇONS (LES) – Des inconditionnels de l'espoir
Deschatres François
Après cinquante ans de présence en franc-maçonnerie, l'auteur livre le fruit de sa réflexion personnelle, car la finalité de cette idéologie est rarement exposée publiquement. En écrivant ce livre, son intention est de «faire pénétrer» le lecteur dans l'idéal maçonnique, sans réserve et sans prosélytisme, dans un souci de vérité.
(19.00 euros, 190 p.)
ISBN : 978-2-336-00111-1, ISBN EBOOK : 978-2-296-50899-6

HÉGÉLIANISME (L') ET SON DESTIN FRANÇAIS
Puisais Eric
Au travers de parcours à la fois méthodologiques et historiques, cet ouvrage cherche à témoigner du destin de la pensée hégélienne en France, de la fin du XIXe siècle jusqu'à l'après-guerre. Ce livre tente de former une « phénoménologie de la réception » en décrivant l'itinéraire d'une oeuvre, le parcours d'une pensée, les modes de circulations des idées hégéliennes et de leur perception, souvent contradictoires.
(Coll. Rationalismes, 14.50 euros, 140 p.)
ISBN : 978-2-296-96378-8, ISBN EBOOK : 978-2-296-50946-7

SPINOZA, LA MATRICE
Nouveaux éclairages sur le bonheur, la liberté, la hérarchie, l'éternité, la mort, la morale, Dieu, le chaos, l'inconscient, le sexe, l'humanisme, l'école
Collegia Jean-Pascal
Cet ouvrage est un essai sur le système d'explication du monde tel qu'il est selon Spinoza. L'exposé se veut conforme à la volonté de Spinoza d'être au plus près de la vie quotidienne. L'usage d'analogies, parfois inattendues, le parti pris de simplicité dans l'exposé visent à conduire par un chemin court au « prince des philosophes », selon l'expression de Deleuze. Toutes nos préoccupations, et nos oublis, semblent trouver dans Spinoza leur écho préalable.
(Coll. Ouverture Philosophique, 13.50 euros, 122 p.)
ISBN : 978-2-296-99793-6, ISBN EBOOK : 978-2-296-50958-0

POINCARÉ, LE HASARD ET L'ÉTUDE DES SYSTÈMES COMPLEXES
Gargani Julien
Pour Poincaré, dont nous venons de célébrer le centenaire de la disparition, chaque partie de l'univers est liée avec toutes les autres et ces liens de causalité sont amples. Des questions liées aux problèmes environnementaux surgissent de la lecture de ses travaux. Sans le savoir Poincaré est le précurseur d'une métaphysique de l'écologie. On retrouve aujourd'hui des idées nées il y a plus d'un siècle dans tous les problèmes en lien avec les systèmes complexes (climat, biodiversité, santé, géosciences...).
(Coll. Ouverture Philosophique, 13.50 euros, 124 p.)
ISBN : 978-2-336-00505-8, ISBN EBOOK : 978-2-296-51038-8

THÉORIE DE L'ESPRIT ET PÉDAGOGIE CHEZ KARL POPPER
Le «seau» et le «projecteur»
Firode Alain
Ce livre se propose d'interroger l'oeuvre popérienne dans son ensemble, les écrits de jeunesse comme les textes de la maturité, sous l'angle d'une théorie du sujet humain et de sa formation. Il s'agit, d'une part, de jeter un éclairage sur le lien qui unit de l'intérieur la pensée de Popper aux préoccupations d'ordre psychologique et pédagogique ; d'autre part, de montrer en quoi la prise en compte des thèses popériennes peut contribuer à renouveler la réflexion contemporaine sur l'apprentissage et l'éducation.
(Coll. Pédagogie: crises, mémoires, repères, 16.50 euros, 154 p.)
ISBN : 978-2-336-00106-7, ISBN EBOOK : 978-2-296-50836-1

L'HARMATTAN, ITALIA
Via Degli Artisti 15; 10124 Torino

L'HARMATTAN HONGRIE
Könyvesbolt ; Kossuth L. u. 14-16
1053 Budapest

ESPACE L'HARMATTAN KINSHASA
Faculté des Sciences sociales,
politiques et administratives
BP243, KIN XI
Université de Kinshasa

L'HARMATTAN CONGO
67, av. E. P. Lumumba
Bât. – Congo Pharmacie (Bib. Nat.)
BP2874 Brazzaville
harmattan.congo@yahoo.fr

L'HARMATTAN GUINÉE
Almamya Rue KA 028, en face du restaurant Le Cèdre
OKB agency BP 3470 Conakry
(00224) 60 20 85 08
harmattanguinee@yahoo.fr

L'HARMATTAN CAMEROUN
BP 11486
Face à la SNI, immeuble Don Bosco
Yaoundé
(00237) 99 76 61 66
harmattancam@yahoo.fr

L'HARMATTAN CÔTE D'IVOIRE
Résidence Karl / cité des arts
Abidjan-Cocody 03 BP 1588 Abidjan 03
(00225) 05 77 87 31
etien_nda@yahoo.fr

L'HARMATTAN MAURITANIE
Espace El Kettab du livre francophone
N° 472 avenue du Palais des Congrès
BP 316 Nouakchott
(00222) 63 25 980

L'HARMATTAN SÉNÉGAL
« Villa Rose », rue de Diourbel X G, Point E
BP 45034 Dakar FANN
(00221) 33 825 98 58 / 77 242 25 08
senharmattan@gmail.com

L'HARMATTAN TOGO
1771, Bd du 13 janvier
BP 414 Lomé
Tél : 00 228 2201792
gerry@taama.net

Achevé d'imprimer par Corlet Numérique - 14110 Condé-sur-Noireau
N° d'Imprimeur : 94385 - Dépôt légal : janvier 2013 - *Imprimé en France*

www.ingramcontent.com/pod-product-compliance
Lightning Source LLC
LaVergne TN
LVHW010939061026
849535LV00007B/2480
9782343000497